U0032378

與

酵母共舞

跟著火頭工了解發酵的科學原理，
做出屬於你的創意麵包

吳家麟 著

Dancing
with
Yeast

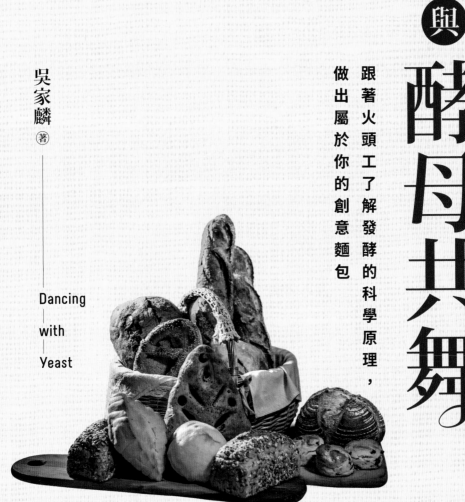

目次

Chapter 1

原理

Chapter 2

應用

Chapter 3

經營管理

不僅是一本食譜

布里斯托爾社區大學烹飪藝術系課程規劃主任

格洛麗亞・卡布拉爾 Gloria M. Cabral

　　身為終身學習者以及美國烹飪聯合會認證的烹飪教育工作者，我有很多機會向許多有才華的廚師學習各種技巧，麵包生產是我最喜歡研究的課題之一。

　　Philip 是一位麵包工藝大師，透過對麵包製作的熱愛，他為麵粉和水注入了生命。從嗅著酵母的發酵到品嚐麵包成品，一切都讓我的心和大腦興奮不已。以麵粉和水這兩種簡單的成分來舉例，透過細心的照顧加上時間，長成一個有生命的實體，就像變魔術一樣。Philip 做麵包的步驟和技術是藝術與美的過程，經過多年的研究、對知識的渴望和對風味的喜愛，他完成了《與酵母共舞》一書。

　　我和 Philip 是透過網路上專業麵包師社群媒體而相識，我們的生活透過其他專業人士，以及我們家庭與工作的成長而有許多交集。我看到 Philip 在他的石窯開發各種麵包，他為一些在當地和世界上最有影響力的麵包師授課，有時則與他們共同教學。他使用代表台灣文化的當地食材，且樂於學

習新觀念和傳授新方法，這使他的手藝提升到更高層次的專業素養。

　　一邊欣賞 Philip 秘密花園的美景，同時看著他演奏音樂，給我一種寧靜與和諧的感覺。台灣文化是一種傳統和家庭的文化，他像個漁夫，與所有讀者分享他的「釣竿」，以便他們搜尋所需的任何資訊。正如他所說，你分享的越多，你學到的就更多。家庭占我們生活中一大部分，它讓我們保持家庭和工作的平衡。作為專業麵包師傅，Philip 說明他工作的習慣，每天凌晨三點起床開始一天的例行公事，在結束整天的工作之後，可以有正常的家庭和社交生活，這顯示了身為專業的麵包師傅，他非常敬業而且尊重生活。

　　看著他的家人、朋友和孫子和他一起烘焙，顯示了他對他所屬社群的愛。當他們做了美味的食物後，臉上的喜悅和歡笑說明了一切。Philip 在展示他的成果時，從他的表情和眼神，可以看出他對工作的驕傲與尊重。他將榮譽歸於朋友

和其他麵包師傅，使他們心懷感激並且很榮幸與他一起工作，我也不揣淺陋能成為他人生旅程的一部分。

《與酵母共舞》不僅是一本食譜，它還是關於一位麵包師傅的生活和他對麵包製作的熱情，以及他堅忍的個人經歷。透過他的技術，Philip 將引導啟發您製作最美味的麵包，並告訴您如何調整成您的家庭餐桌或商業所需。這本書不僅是一本食譜，Philip 的目的是要幫助麵包師傅了解酵母、生活以及個人平衡的重要性。

酵母在麵包製作中開啟發酵的生命。酵母的生命從我們呼吸的空氣中自然地開始，然後到為了方便麵包師傅隨時取用而被商業化製造。酵母以它自己的方式活出生命，它產生自己的風味、質地和香氣。Philip 闡述酵母在烘焙過程不同階段的結構及其扮演的角色，透過理論和技巧，他將解釋如何創造最美麗和美味的麵包。

麵包不是生命的調味品，而是全世界的基礎。眼看這本

推薦序

Philip 麵包創作的完成，我非常興奮地讀到酵母和麵包的製作過程，並期待試試看他分享的這些食譜。了解這些過程，並且了解這一切可以延伸到家庭和生活，將激勵你學習「與酵母共舞」。Philip 將向您展示如何透過他的專業技術，製作出最美味、充滿驚奇的風味和香氣的麵包。您將學習到如何將這些技巧轉變成您的家庭或商業所需，並從他個人生活經驗教導您如何管理小型企業。

Foreword

As a student for life and a Certified Culinary Educator through the American Culinary Federation, I have had the opportunity to learn a variety of techniques by many talented chefs. One of my favorite topics to research is the production of bread.

Chef Philip Wu, a master baker in his craft, breathes life into flour and water through his love of breadmaking. Everything from the smell of the yeast fermentation to the taste of the finished loaf, excites my heart and brain. Taking simple ingredients such as flour and water grow into a live entity through care, and time is like watching magic. Looking at his procedures and finishing techniques of Philip's breads are the process of art and beauty. Through years of research, an appetite for knowledge and love of flavor, Philip has written "Dancing with Yeast".

Philip and I met through social media networking with professional bakers. Our lives have crossed through other professionals and the growth of our family and work. I have watched Philip develop varieties of breads in his hearth oven, teach classes to and with some of the most influential bakers in the world and also local bakers. He uses local ingredients that are indicative to his Taiwanese culture in these recipes. His willingness to learn new ideas and teach new methods bring a higher level of professionalism to his craft.

Looking at the beauty of Philip's secret garden, while watching him play his music, gives me a sense of peace and harmony. The Taiwanese culture is one of tradition and family. He is the fisherman who shares his fishing rod of knowledge to all his readers so they can fish for information. As he says, the more you share, the more you learn. Family is a big part of our lives that bring the balance of family and profession. As a professional bread baker, Philip explains his work ethic and routines of waking up at 3 am to begin his day, so when his day is done at work, he can have a normal family and social schedule. This shows that as a professional baker he is very respectful of life and craft.

Watching his family, friends and grandchildren bake with him shows the love of his community. The joy and laughter in their faces after they had made delicious items, says it all. Through his expressions and the look in his eyes when presenting his baked goods, Philip shows the pride and respect of his work. The honor he bestows amongst his friends and professional bakers makes them feel thankful and honored to work with him, as I am humbled to be a part of this journey.

"Dancing with Yeast" is a book not of just recipes, but about the life of a baker and his passion of bread making, and the personal experiences he has endured. Philip will inspire you to make the most delicious bread through his techniques and how you can adapt this to your family table or business. This book is not just a recipe book but a Philip's purpose to help bakers understand the importance of yeast, life and personal balance.

Yeast begins the life of fermentation in breadmaking. Yeast's life starts naturally from the air we breathe to commercially produced for the convenience and accessibility of all bakers. It will take on a life of its own to produce flavor, texture and aroma. Philip explains the structure and role yeast plays in different stages of the baking process. Through theory and techniques, he will explain how to create the most beautiful and flavorful breads.

Bread is not a condiment of life, but a foundation in all the world. I have watched the formation of this book, the creation of his breads. I am very excited to read about the yeast and breadmaking process and looking forward to making these recipes he has shared. Learning about these processes and see all this can evolve into family

and life will inspire you to the learn about "Dancing with Yeast".
Philip will show you how to make the most delicious bread full of
amazing flavors and aroma, through his professional techniques.
You will learn how you can adapt this to your family table or
business and manage a small business through his personal and life
experiences.

Gloria M. Cabral

CCE, AAC, MEd, MSM
Culinary Arts Department Chair Program Coordinator
Bristol Community College
Fall River, MA

酵母是烘焙之舞的舞伴

亞利桑那大學農業與生命科學中心主任

馬修・瑪斯 Dr. Matthew M. Mars

2015 年 8 月，我和朋友，同時也是「社群支持」烘焙師傅（Community-supported Baker）唐・格拉（Don Guerra），從美國西南部長途跋涉到台北參加由雷倩博士主辦，假文化大學舉行的「社群支持型農業（Community Supported Agriculture, CSA）論壇」。會後，我們花了一週的時間遊覽台灣農村，並與多位致力於改革農業及糧食機制的領導者會面。

在美麗的翡翠灣，我們會晤了台灣最大的 CSA 農民及籌劃人；在台南，我們和 Goshen Wu（編按：旭山窯女主人）一起工作，當時她正在慶祝剛安裝好設計精美、工藝精湛的柴燒烤爐，這個烤爐是她實踐社群支持麵包店願景的基石。一路下來，我們經歷了許多開心的事，包括使用 Goshen 的磚窯與新山國小的學生一起烤披薩、在台南郊外的月光下吃煙燻龍眼乾，以及享受做成豬和牛形狀，造型別致、剛出爐的饅頭。那個星期當中帶領我們經歷與學習，啟

發我們靈感的就是烘焙師 Philip Wu。他不僅是麵包師傅，也是社區領導者和「社區大使」，因為他藉著準備食材以及共享食物，凝聚居民和社區以實現更大的利益。而且吳師傅還是一位作家！

　　吳師傅在最新的著作《與酵母共舞》中，慷慨地分享了在酵母如何形塑麵包這方面非常驚人的深厚科學及技術知識，為大家開啟了各種可能性，在烘焙時能夠更輕易、更豐富，也更有精神層面的體驗。酵母是麵包製作過程中的活性劑；它是麵包這項工藝生命的泉源，它讓麵團發酵，並帶來多變的風味，就像如今廣受歡迎的酸麵包酵母背後的天然酵母。除了麵包師自身的創造力和才能外，酵母菌是歐式麵包的神奇元素。歐式麵包師竭盡全力來培育和保存其酵母種（老麵），有時將它們代代相傳超過一百年或甚至更久。這是一個關注和關愛的過程，包括有策略地計劃餵養和密切監測溫度以及空氣的接觸。正如吳師傅的書名，是麵包師和酵

母菌的共舞為歐式麵包工藝賦予了生命，而麵包的美味和營養成為了現在我們許多人品味和享用的主食。

這本書中分享的智慧為想要與酵母共舞的人提供了實用且深入妙境的指導，讀者可以學到很多有關酵母及其在麵包烘焙過程中扮演的角色，從理論了解酵母如何貫穿整個烘烤過程，到懂得選擇自然生長或商業生產的酵母之間的差異。本書將幫助麵包行家更加理解麵團的科學理論以及發酵後烘焙技術，讀者還將獲得新的食譜及如何管理烘焙的理論與技術之秘訣，從而使烘焙過程更有趣、更豐富並且更有回饋；這本書絕不只是一本技術指南。

《與酵母共舞》一書珍貴的地方，的確不僅於與讀者共享的知識和科學；如同他對待每個麵包，吳師傅也全心全意投入他的書中，帶領讀者進入他對烘焙的熱情、樂趣、喜愛，以及烘焙為有幸被他「款待」過的人所帶來的鼓舞。我邀請讀者將吳烘焙師視為舞蹈老師，他不僅傳授他們與酵母

共舞的技巧，而且還讓他們領悟與酵母在製作過程中的親密
關係。

　　想像一下，在台北麵包店裡，社區之間的聯繫是緊密相
連的，每天都有鄰居來取麵包，每個麵包都代表著師傅對其
手藝的熱情，以及對人性的熱愛和寬容大度。麵包店散發出
的氣味源自融合專業知識、智慧、愛以及強烈的願景——就
是「麵包可以有力且持續的將人們凝聚在一起」的願景。給
自己機會擁抱「酵母是你在烘焙之舞中的舞伴」的概念，接
受這樣的藝術形式，將帶來個人和社區共同成長的未來。

Foreword

In August of 2015, my friend and community-supported baker, Don Guerra, and I made the long trip from our home in the American southwest to Taipei, Taiwan to participate in a Community-Supported Agriculture (CSA) forum hosted by Dr. Lei Chien and held at the Chinese Culture University. Following the forum, we spent the next week touring the island countryside, along the way meeting a range of passionate leaders who were using agriculture and food as mechanisms of change. In the beautiful Emerald Bay, we met the farmers and organizers of Taiwan's largest CSA. In Tainan, we worked with Goshen Wu, who at the time of our visit was celebrating the installation of the beautifully designed and superbly crafted wood-fired oven that was to be the foundation of her vision for a community-supported bakery. We experienced many joyful treats along the way that included using Goshen's brick oven to make pizzas with students from Shin-shan Elementary School, snacking on smoked longan fruits under the moon lite jungle sky outside of Tainan, and enjoying freshly steamed Mantou buns that whimsically designed to look like cows and pigs. Our guide on this week of adventure, learning, and inspiration was Chef Philip Wu. Chef Wu is a master baker. He is a community leader and ambassador for using the preparation and sharing of food has a means of bringing people and communities together for the greater good. And Chef Wu is an author!

In his most current book, Dancing with Yeast, Chef Wu generously shares with others his incredible depth of scientific understanding and technical knowledge of how yeast shapes the bread baking experience – opening up a range of possibilities for others to make baking a more accessible, enriching, and spiritual experience. Yeast is the active agent in the bread making process – the lifeblood of the craft that makes the dough rise and brings out a complexity of flavors as in the case of the wild varieties behind the now widely popular sourdough varieties. Alongside the baker's own creativity and talent, yeast is the magical element of artisan breadmaking. Artisan bakers go to great lengths to nurture and preserve their yeast-based starters, sometimes passing them down from generation to generation over a span of 100 years or more. It is a process of attention and love that includes strategically planned feedings and the close monitoring of temperature and access to air. As the title of Chef Wu's book suggests, it is the dance between the baker and the yeast that brings life to the artisan baking craft, and deliciousness and nourishment to the loaves that many of us have now come to savor and enjoy as staples in our diets.

The wisdom shared in the chapters to come serves as a practical and engaging guide for others to use when choreographing their own dances with yeast. Readers will learn a great deal about yeast and its fundamental role in the bread baking process. From the theoretical understanding of how yeast informs the entire baking process to the differences between naturally grown and commercially produced options, Dancing with Yeast will help current and aspiring bread connoisseurs alike expand their understanding of the science of dough and the implications of post-fermentation on baking techniques. Readers will also gain new recipes and insights into how to better manage the science and techniques of baking in ways that make the process more enjoyable, enriching, and rewarding. Yet, the book is much more for than a technical guide.

Indeed, the treasures contained within Dancing with Yeast are not limited to the knowledge and science shared with readers. As with every loaf he bakes, Chef Wu has put his heart and soul into his book, pulling his readers in with his passion for the craft and the joy, love, and inspiration that baking brings to all those who have ever had the chance to "break bread" with others. I invite readers to see Chef Wu as their dance-master who is not only teaching them the technicalities of working with yeast, but also enlightening them on the intimacies of the process. Imagine the community-connectedness that characterizes his Taipei bakery with neighbors coming each day to pick up their breads – each loaf a representation the chef's passion for his craft and deep sense of humanity and generosity. The smells that waft from the bakery originate from a convergence of expertise, wisdom, love, and a powerful vision of how bread can bring people together in powerful and sustainable ways. Allow yourself the opportunity to embrace the notion of yeast being your partner in the dance of baking-taking on the form of artistry that has the promise of nourishing individuals and community.

Matthew M. Mars, Ph.D.

Associate Professor, Leadership and Innovation
Department of Agricultural Education, Technology & Innovation
Director, CALS Career Center
Fellow, Cardon Academy of Teaching Excellence
College of Agriculture and Life Sciences（CALS）
The University of Arizona

做一顆屬於自己的麵包

散文作家，政大歷史系教授
吳鳴

　　認識火頭工吳家麟哥是非常偶然的機緣，而直到後來我才知道家麟哥與我淵源深厚。

　　2015 年秋天，寫字班同學謝慧如送了我兩顆她妹妹做的麵包，一吃驚豔，第一次我的味蕾感覺到麥香。

　　可能因為麵包不是我的日常吃食，除了偶爾烤兩片吐司當早餐，我還真對麵包無感。而且可能緣於味蕾對食物的感受不夠敏銳，我幾乎要到知天命之年，才開啟自己的五感。因為吃到謝慧如令妹做的麵包，我開始知道這世上原來有好吃的麵包。慧如告訴我，除了妹妹做的麵包，她只吃兩家麵包，其中一家就在木柵。

　　我循線來到阿段烘焙坊，買了他家的拖鞋麵包和法國長棍，一吃成主顧。從此，我幾乎只吃阿段麵包，除了烘焙坊放暑假，以及偶爾斷糧時適逢店休，才會到木柵另一家麵包店度小月。阿段是週休三日的微型社區烘焙坊，食客稍一閃神，很容易斷糧。我日常麵包來源的兩家木柵烘焙坊，阿段

的麵包比較素樸，麥香樸鼻；另一家比較細緻，多幾分甜。相對而言，阿段麵包比較靠近我。

因常買麵包之故，偶爾和阿段姊聊幾句，或與火頭工家麟哥閒話日常，始知三十年前在深坑翠谷山莊，曾與火頭工夫婦為鄰，阿段姊甚至記得昔時我寫的幾篇散文，把我這個買麵包的客人嚇得瞠目結舌。社區微型麵包店，竟成閒話桑麻之所。

於是我知道原來火頭工家麟哥和我是同鄉，因戰後老太爺赴花蓮任職，火頭工在後山出生，成為我第的大鄉長。火頭工瘦骨嶙峋，仙風道骨，我腰大十圍，宛若關西大漢，兩人戲稱演武俠片完全不用化妝。

阿段烘焙坊所製麵包、糕點、果醬，有一個很大的特色，即在盡可能的範圍 使用台灣食材，例如桑葚、桶柑、芋頭、番茄、鳳梨、紅肉李、桂圓、香蕉和台灣小麥研磨的麵粉等等。

這是火頭工所寫第二本麵包書，第一本《火頭工說麵包、做麵包、吃麵包》，完全用理工人的邏輯撰寫，比較接近科普之書。麵包職人或業餘愛好者，可依此書順利做出好麵包。

　　本書《與酵母共舞》是火頭工第二本麵包書，不再是科學的麵包製作，而是從科學邁向人文，教你如何做出一顆屬於自己的麵包。火頭工開宗明義強調，本書並非時下流行的創意麵包書，而是溯源傳承數百年的經典麵包。本書從烘焙職人的角度，詳細說明每一個問題的解決方法，從基礎進階到麵包的千變萬化，存乎一心。火頭工在書中詳細說明如何製作老麵，從選擇酵母到自己製作起種，以及各類麵包製作的材料和配方。火頭工並非列出金科玉律的標準比例，而是告訴閱聽人如何調整配方，說明怎樣的比例，可能產生何種效果。麵包職人或業餘愛好者可依據本書所列材料的影響係數，做出千變萬化，屬於自己心中的理想麵包。火頭工將這些變數清楚列表說明，當閱聽人想創造一款嶄新亮麗的麵包，可以不再需要為氣孔的大小、表皮的狀態，甚至外觀造型，擔心煩惱，而能盡情發揮自己的創意。

　　火頭工並非送你一條魚，而是給了你一枝釣竿，告訴你麵包並非陳列在魚攤櫃枱上的魚，而是嬉游於大海的魚。麵包師傅要做出什麼樣的麵包，端賴使用的工具和材料而定。本書除作為麵包實作的基礎外，同時希望能協助麵包師傅在安排生產流程時，可以更加流暢。故爾本書大部分的麵團幾乎都採用低溫長時間自然發酵，協助閱聽人製作麵包時，將

麵包發酵過程和人的作息時間調成一致，而毋須半夜三點鐘起來發麵，對麵包店的生產管理，提供極佳之解決方案。

我對製作麵包完全外行，請原諒我必須引述書中的主要內容以饗閱聽人。本書第一篇〈原理〉，從自養酵母、商業酵母與起種，老麵、主麵團到一顆麵包的完成。第二篇〈應用〉，縷述大、中、小氣孔麵包，中間爆裂、組織緊實、外酥內軟中型氣孔、扁平柔軟、小型氣孔、環狀酥脆、柔軟延展等各型類麵包的製作原理與配方。閱聽人透過第二篇〈應用〉總計 10 章（即 10 種類型麵包）的配方與實例，運用之妙，存乎一心，做出完全屬於自己的麵包，從口味到造型，展現個人心手合一之創意。麵包不再是理性科學的存在，而充滿人文精神。第三篇〈經營管理〉則是作者火頭工的理想，建立微型社區烘焙坊 (Community Supported Bakery)。阿段烘焙坊是具體的實踐，希望有意成為麵包職人的閱聽人，循此途徑，完成建立微型社區烘焙坊的理想。這世界並不缺乏鉅型麵包連鎖店，如果每個社區都有屬於自己的微型烘焙坊，我們將可以吃到麵包職人各出機杼，神明變化不可方物的麵包。

如果有一天我起心動念開始學做麵包，絕對是因為火頭工吳家麟老哥這本《與酵母共舞》的緣故。

2020 年 12 月 1 日 寫於乙丁堂

自序
與酵母共舞

　　從事烘焙工作已經進入第十六年了，看看自己兩手燙傷留下的痕跡、兩本書、兩座柴燒窯。人生，總算對自己有個交代，春華枝滿，天心月圓，再無遺憾。

　　這本書前後花費將近三年的時間醞釀，原本 2020 年初就已經完成，三月時反覆閱讀，覺得不夠理想，決定打掉重寫，但發現自己一直陷在原來的框架。一個風雨夜，我按下刪除鍵，全部重來。

　　我一直回想當初想寫這本書的初衷是什麼？回溯十六年來，我從一個完全不懂麵包的學徒開始，那時麵團對我而言非常陌生，「法國棍子麵包表皮要能酥脆，內部卻要求柔軟？口袋麵包氣孔大到連內部都是空的？德國結如何拉出細長條形卻又不會斷裂？鄉村麵包內部氣孔小而緊實，卻又溼潤柔軟？可頌一圈又一圈的氣孔是如何形成的？為何既酥脆又入口即化？……」太多疑問了，每個疑問都是關卡。

　　為了了解問題所在，我花費很多時間鑽研，於是顯微

鏡、物理、化學、微生物全部理論都搬出來了。從老麵到麵包，我將研究的歷程寫成第一本書《火頭工說麵包、做麵包、吃麵包》，這本書完全用理工科的邏輯撰寫，比較接近一本科普的書。

當初想寫第二本書，最初是想**完全拋開烘焙理論**，直接把十六年來遭遇的問題，從烘焙職人的角度詳細說明每個解決方法，讓它成為一本麵包基礎書。我不擅長創新和變化，對於流行又近乎自閉，希望透過這本書把製作麵包從秘技變成顯學，更希望這本書可以協助讀者不需要再為氣孔大小、表皮狀態甚至造型設計擔心煩惱，能夠盡情發揮自己的創意，製作出美味與外型兼具的麵包。

這本書除了做為麵包實作的基礎以外，也希望能夠協助麵包師傅安排生產流程時可以更加流暢，因此書中大部分麵團幾乎都採用**低溫長時間自然發酵的方式**，協助讀者製作麵包時，將麵包的發酵時間和常人的作息調成一致，人員不再

需要半夜三點鐘上班，為麵包店提供一個具參考價值的生產管理方案。

有些白領階級往往把麵包師傅視為低階的生產者，記得我曾經在店裡遇到一位女士，她看我一身麵粉，帶著驕傲的口氣說了一句話：「我只能靠腦袋過活，沒辦法像你們一樣靠勞力過日子。」又一次更好玩，一位貴婦看我端著剛出爐的麵包，便對她背著私立小學書包的女兒說：「好好念書，不然以後跟他一樣去做麵包。」回想起來酸甜苦辣，五味雜陳。幸好這些年來，許多麵包師傅不斷發光發熱，將台灣的麵包帶上世界舞台，還有很多師傅不斷在麵包科學的領域開拓，有些結合本土食材做出本土化麵包，更有些師傅人文精神融入麵包的領域。在許多職人的努力下，麵包已經成為顯學，麵包師傅開始得到應有的尊重。

我還是要強調，這本書不是一本有很多創意的麵包書，裡面沒有時尚的產品，只有流傳數百年的經典麵包。**這本書**

的目標是協助初學者或業餘烘焙師快速製作出具備基本水準的麵包,以及成為麵包師傅開發產品的基礎。讓麵包製作過程不再神秘不可言,縮短讀者學習的時程,並減少實驗過程的材料損失。

最後感謝我的妻子段麗萍,謝謝她帶領我進入麵包的領域,以及聯經出版公司發行人林載爵先生的鼓勵和耐心。

工具介紹

1. 量杯

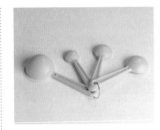

2. 量匙

3. 溫度計
須留意探針長度

4. 酸度計

5. 溫溼度計

6. 計時器

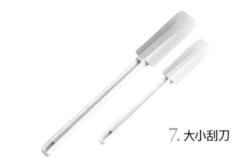

7. 大小刮刀

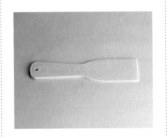

8. 面具切刀

9. 大小刮板

小刮板：13.3cm×9.5cm×0.5cm
大刮板：19.4cm×12.7cm×0.5cm

10. 矽膠刷子

11. 擀麵棍

12. 灑粉篩網

13. 噴水器

14. 大小鋼盆

15. 發酵布

46cm×150cm

16. 攪拌機

17. 發酵籃

18. 圓形籐籃 (500g)

上部直徑：18cm，
底部直徑：11cm，高度：9cm

19. 橢圓形籐籃 (800g)

上部圓徑：20.5cm×15cm，
底部圓徑：19cm×9cm，高度：8cm

20. 司康壓模

上部：18cm×9cm，
底部：17cm×8cm，高度：7cm

21. 鄉村麵包模具

17cm×8cm

22. 烤盤

46cm×72cm×2.5cm

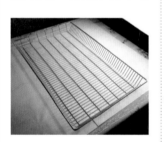

23. 平網盤

46×72cm

24. 入爐架

25. 出爐鏟

26. 電子秤

亦可使用台秤

27. 電磁爐

亦可使用瓦斯爐

28. 烤箱

具蒸氣功能為佳

29. 發酵箱

30. 酒精

31. 口罩

32. 隔熱手套

重點概要

一 │ 說明

　　本書第 1 章是總論，說明書名「與酵母共舞」的由來。接下來分成兩大部分，第一部分第 2 章到第 5 章，重點為麵包製作過程中酵母在每個階段扮演的角色，闡明書名為《與酵母共舞》的原因。每一章開始都會出現「麵包製作流程圖」，而且會標註該章節主題在圖中的位置，例如右圖代表這一章的主題是**酵母和起種（Starter）的關係**。

麵包
製作流程

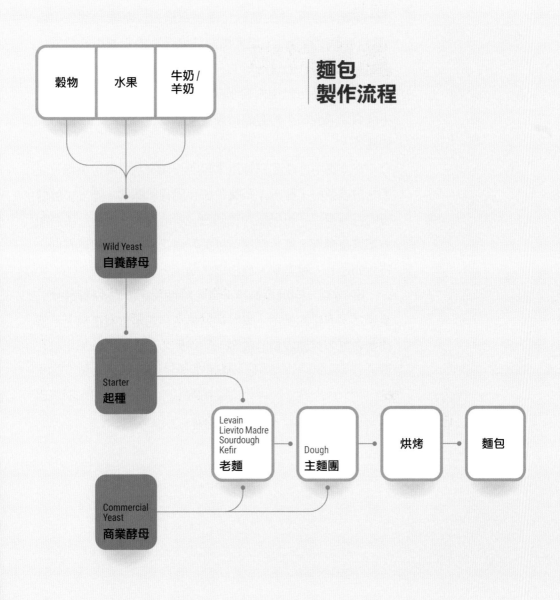

| 穀物 | 水果 | 牛奶/羊奶 |

Wild Yeast
自養酵母

Starter
起種

Levain
Lievito Madre
Sourdough
Kefir
老麵

Dough
主麵團

烘烤

麵包

Commercial
Yeast
商業酵母

第二部分是第 6 章到第 15 章，以 10 種完全不同特性的產品配方進行操作，讓讀者了解不同發酵或烘烤方式可以做出不同組織和風味的麵包。這些章節在文章開始都會出現「麵包發酵流程圖」，並且標註該章節在流程圖中的位置。例如出現右圖代表這一章的主題是「如何設計發酵及烘烤的程序，使產品可以由中間橫向裂開」，司康的特色是外形從中間裂開成開口笑的有趣結構，本章會詳細說明形成開口笑的原因。

　　在本書中，產品只是用來說明不同特色的麵包組織，並不是最重要的，酵母才是麵包製作過程的關鍵，充分了解酵母的行為模式，可以協助我們隨心所欲地操作麵團。所有配方都只是參考，麵包師傅可以按照自己的想法做出具有個人特色的產品，這是別人無法取代的。

　　第 16 章，也就是最後一章，將從我經營的「阿段烘焙」走過二十多年的風雨，談談社區烘焙坊的定位與走向，希望給讀者更多實務經驗的啟發。

麵包
發酵流程

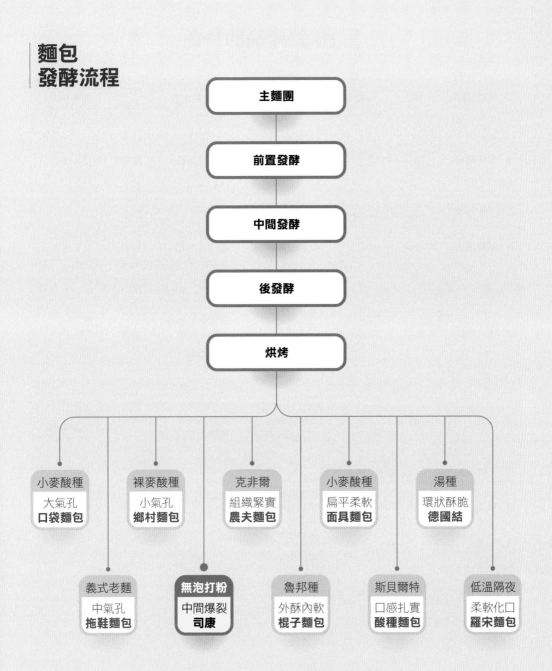

主麵團

前置發酵

中間發酵

後發酵

烘烤

小麥酸種
大氣孔
口袋麵包

裸麥酸種
小氣孔
鄉村麵包

克非爾
組織緊實
農夫麵包

小麥酸種
扁平柔軟
面具麵包

湯種
環狀酥脆
德國結

義式老麵
中氣孔
拖鞋麵包

無泡打粉
中間爆裂
司康

魯邦種
外酥內軟
棍子麵包

斯貝爾特
口感扎實
酸種麵包

低溫隔夜
柔軟化口
羅宋麵包

二 | 10 款產品的特色

	產品名稱	特色	用途	使用麵粉	老麵來源	老麵形式	發酵程序
1	口袋麵包	中空 大氣孔	包裹餡料食物	混合 高低筋麵粉 或是T55 / T65	酸種商業酵母 或小麥酸種 起種	液種	低溫長時間 隔夜發酵法 加水合法
2	拖鞋麵包	中型氣孔	主食／三明治	混合 高低筋麵粉 或是T55 / T65	商業酵母 或義大利式 老麵起種	硬種	低溫長時間 主麵團隔夜 發酵法
3	鄉村麵包	扎實	主食／餡料基底或包夾	混合 高低筋麵粉 或是T55 / T65， 裸麥	酸種商業酵母 或裸麥酸種 起種	液種	老麵法 與低溫穀物 浸泡法
4	司康	無泡打粉	茶點	混合 高低筋麵粉 或是T55 / T65	商業酵母 或預發酵種 起種	液種	預發酵法 與粉油拌合法
5	農夫麵包	小型氣孔 緊實	主食／餡料基底或包夾	混合 高低筋麵粉 或是T55 / T65， 裸麥粉， 全麥麵粉	酸種商業酵母 或克非爾起種	液種	老麵法 加低溫啤酒 浸泡穀物
6	棍子麵包	長條形 中型氣孔 外酥內軟	主食／餡料基底或包夾	混合 高低筋麵粉 或是T55 / T65	商業酵母 或魯邦種 或法國老麵 起種	液種	老麵法 加雙水合法
7	面具麵包	扁平麵包 薄而柔軟	主食／沾醬	混合 高低筋麵粉 或是T55 / T65	商業酵母 或小麥酸種 起種	液種	低溫長時間 主麵團隔夜 發酵法

	產品名稱	特色	用途	使用麵粉	老麵來源	老麵形式	發酵程序
8	斯貝爾特酸種麵包	小型氣孔緊實	主食／餡料基底或包夾	混合高低筋麵粉或是T55／T65，斯貝爾特小麥粉	商業酵母加斯貝爾特酸種	液種	老麵法
9	德國結	小型氣孔酥脆	啤酒點心	混合高低筋麵粉或是T55／T65	商業酵母加湯種	麵糊	湯種法
10	羅宋麵包	甜奶油麵包	早餐宵夜	混合高低筋麵粉或是T55／T65	商業酵母	硬種	低溫長時間成品隔夜發酵法／粉油拌合法

- 隔夜宵種：以商業酵母培養12小時低溫（約5°C）的老麵種。
- 小麥酸種：以小麥全麥粉培養的酸麵種。
- 裸麥酸種：以裸麥培養的酸麵種。
- 斯貝爾特酸麵種：以斯貝爾特麵粉培養的酸麵種。
- 湯種：相當於燙麵麵糊。
- T65小麥麵粉可以用高筋麵粉70%，低筋麵粉30%混合代替。
- 裸麥除非有特別標示，建議使用裸麥1050或裸麥1370。
- 魯邦種：法國人對老麵的稱呼。
- 水果種：以果乾或新鮮水果培養的酵母液製作的老麵。
- 老麵法：第一天只養老麵，第二天才攪拌主麵團進行發酵烘烤等後製作程序。
- 直接法：不養老麵直接攪拌發酵製作。
- 雙水合法：分兩次低溫水合，長時間發酵。
- 低溫長時間主麵團隔夜發酵：第一天做到主麵團完成，第二天才進行分割發酵烘烤等後製作程序。
- 預發酵法：只培養酵母液，不隔夜。
- 粉油拌合法：乾料和奶油先行拌合再拌合溼性材料。
- 低溫長時間成品隔夜發酵：第一天做到成品完成，第二天後發酵完成直接烘烤成麵包。

三 | 如何閱讀產品配方

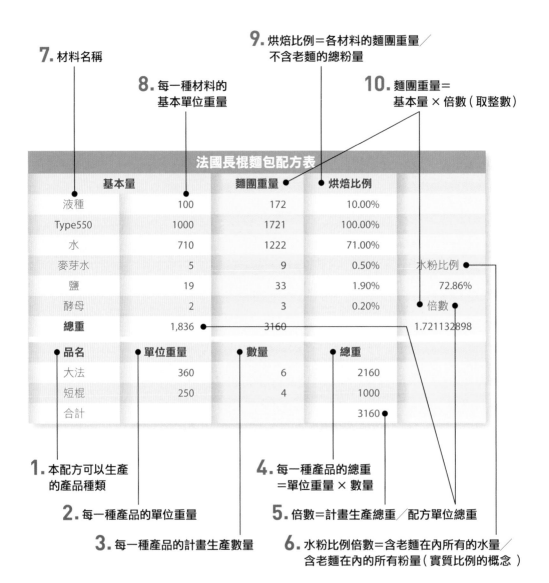

7. 材料名稱

8. 每一種材料的
基本單位重量

9. 烘焙比例＝各材料的麵團重量／
不含老麵的總粉量

10. 麵團重量＝
基本量 × 倍數（取整數）

法國長棍麵包配方表

	基本量		麵團重量	烘焙比例	
液種		100	172	10.00%	
Type550		1000	1721	100.00%	
水		710	1222	71.00%	
麥芽水		5	9	0.50%	水粉比例
鹽		19	33	1.90%	72.86%
酵母		2	3	0.20%	倍數
總重		1,836	3160		1.721132898

品名	單位重量	數量	總重	
大法	360	6	2160	
短棍	250	4	1000	
合計			3160	

1. 本配方可以生產
的產品種類

2. 每一種產品的單位重量

3. 每一種產品的計畫生產數量

4. 每一種產品的總重
＝單位重量 × 數量

5. 倍數＝計畫生產總重／配方單位總重

6. 水粉比例倍數＝含老麵在內所有的水量／
含老麵在內的所有粉量（實質比例的概念）

四 | 常用老麵的製作方法

1. 液種：老麵的一種形式，麵粉和水的比例是 1:1。

液種配方			
材料	烘焙比例 (%)	基本量 (公克)	備註
麵粉	100	100	
水	100	100	
商業酵母	0.2	0.2	選項
起種	5	5	

說明：

1. 「起種」是指自己培養的起種。
2. 「選項」表示「商業酵母」和「自己培養的起種」只需要採用其一。
3. 做法：將材料混合攪拌，置於室溫發酵 30 分鐘，翻麵一次。30 分鐘後再翻麵一次，大約發酵到 2-2.5 倍時再翻麵一次，然後放入 5°C 冰箱冷藏 12 小時以上即可使用。

◀ 液種

2. 硬種：老麵的一種形式，麵粉和水的比例是 2:1。

硬種配方			
材料	烘焙比例(%)	基本量(公克)	備註
麵粉	100	100	
水	50	50	
商業酵母	0.2	0.2	選項
起種	5	5	

說明：
1.「起種」是指自己培養的起種。
2.「選項」表示「商業酵母」和「自己培養的起種」只需要採用其一。
3. 做法：將材料混合攪拌，置於室溫發酵30分鐘，翻麵一次。30分鐘後再翻麵一次，大約發酵到2-2.5倍時再翻麵一次，然後放入5°C冰箱冷藏12小時以上即可使用。

Q 液種和硬種如何互相轉換？

A 硬種轉換成液種：假設 100 公克的硬種要轉換成液種，硬種的粉水比例是 2:1，粉量大約是 67 公克，水量大約是 33 公克。粉量不能改變，仍然是 67 公克，換成液種，粉水比例是 1:1，水量需要 67 公克，但是原來只有 33 公克，不足 34 公克，所以只要把主麵團的水量減掉 34 公克就可以了。

液種轉換成硬種：假設 100 公克的液種要轉換成硬種，液種的粉水比例是 1:1，粉量是 50 公克，水量也是 50 公克。粉量不能改變，仍然是 50 公克，換成硬種，粉水比例是 2:1，水量只需要 25 公克，但是原來有 50 公克，多出 25 公克，所以只要把主麵團的水量加 25 公克就可以了。

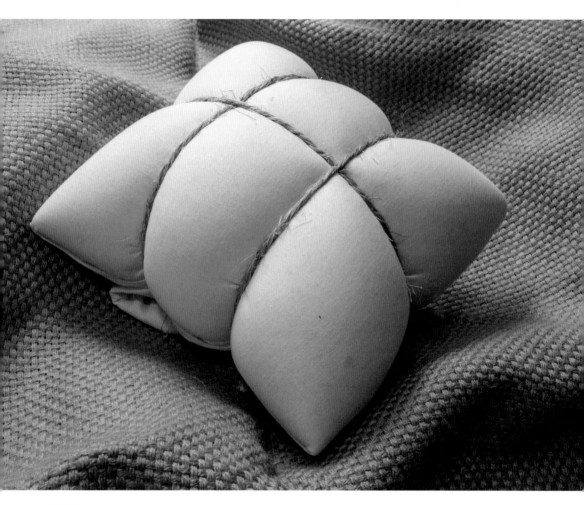

▲ 硬種

重點概要

3. 湯種：利用高溫先把一部分的麵粉和水混合成糊狀，一般粉水比例為 1:1 或 1:2，在德國的配方中曾見最高達到 1:5 的湯種。

湯種配方			
材料	烘焙比例(%)	基本量(公克)	備註
麵粉	100	100	
水	100	100	
鹽	2	2	

說明：
1. 做法：麵粉和鹽放置盆內，將水煮至沸騰，倒入盆中攪拌均勻，放涼後放入5℃冰箱隔夜冷藏12小時即可使用。

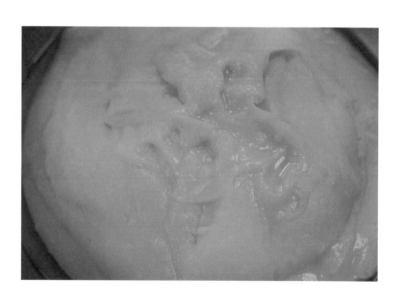

▶湯種

導讀

4. 酸種：含有乳酸菌和酵母菌的老麵種，粉水比例一般為 1:1，使用酸種商業酵母或是自己培養的酸種起種啟動發酵，pH值大約在3.8-5.0，依據不同的麵包需求再行調整。

酸種配方			
材料	烘焙比例（%）	基本量（公克）	備註
麵粉	100	100	
水	100	100	
酸種商業酵母	0.2	0.2	選項
酸種起種	5	5	

說明：
1. 麵粉可以是小麥、裸麥、斯貝爾特等。
2.「酸種起種」是指自己培養的起種。
3.「選項」表示「商業酵母」和「自己培養的起種」只需要採用其一。
4. 做法：攪拌均勻，靜置於室溫（25°C-28°C）12小時，測量pH值達到期望值後，放入5°C冰箱隔夜冷藏12小時即可使用。

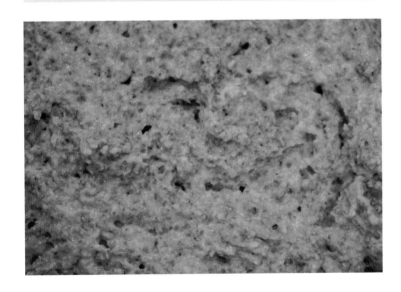

◀酸種

5.冷／溫水浸泡穀物：不含鹽及酵母，僅僅將水和麵粉混合浸泡 12 小時以上。

冷／溫水浸泡穀物配方			
材料	烘焙比例 (%)	基本量 (公克)	備註
麵粉	100	100	
水	120	60	

說明：
1. 麵粉可以是小麥、裸麥、斯貝爾特等。
2. 做法：5℃ 或 25℃ 的水加麵粉，浸泡冷藏12小時以上即可使用。

▼冷／溫水浸泡穀物

6. 克非爾（Kefir）麵種：使用克非爾菌種或是優格菌種製作的老麵。

克非爾麵種配方			
材料	烘焙比例(%)	基本量(公克)	備註
麵粉	100	100	
牛奶	60	60	
優格	20	20	
水	40	40	
克非爾菌種	0.2	0.2	

說明：
1. 麵粉可以是小麥、裸麥、斯貝爾特等。
2. 克非爾菌可以用優格代替。
3. 做法：攪拌均勻，靜置於室溫（25℃-28℃）2小時，冷藏12小時以上即可使用。

◀ 克非爾麵種

7. 水果與穀物起種的培養方法：

（1）水果起種的製作方法：

步驟 1：製作水果酵母水（Yeast Water）：

果乾 50 公克（酵母存在於水果的表皮，所以如果使用新鮮水果切記不要去皮）、**水** 300 公克（煮沸後加蓋冷卻）、**葡萄糖** 1 公克（或者使用麥芽糖、麥芽精、水飴、轉化糖均可），放入高溫烘烤冷卻後的玻璃瓶中，蓋上瓶蓋，用力搖晃均勻。每天不定期搖晃至少 4 次，使酵母增加接觸食物的機會。古人製作克非爾菌是掛在門後，每次開門就搖晃一次，很聰明！

至於封蓋是否需要打開？酵母在缺氧的環境下會執行發酵作用，釋放酒精和二氧化碳，而且缺氧的環境不利雜菌生存，特別是屬於好氧的微生物黴菌，理論上封蓋是不需要打開的，但若擔心瓶內氣體壓力太大造成爆裂，可以在一定的時間略微鬆開瓶蓋，釋放內部氣體的壓力，旋即緊閉。

7 到 10 天後即可加以過濾。

步驟 2：使用水果酵母水製作水果起種：

第 1 天：麵粉 50 公克（通常使用小麥粉，例如高筋麵粉、T55、T65，視麵包配方需要而定）、**水果酵母水** 60 公克、**葡萄糖** 1 公克（合計 111 公克）放入高溫烘烤冷卻後的透明玻璃容器中，攪拌均勻。間隔 2-3 小時攪拌一次，夜間可以放在溫度較低的地方，不用攪拌。

第 2 天：前一天**麵種** 50 公克（丟掉 61 公克）、**水** 60 公克（煮沸後加蓋冷卻）、**麵粉** 50 公克（合計 160 公克）攪拌均勻，間隔 2-3 小時攪拌一次，夜間可以放在溫度較低

的地方，不用攪拌。

　　第 3 天：前一天**麵種** 50 公克（丟掉 110 公克）、**水** 60 公克（煮沸後加蓋冷卻）、**麵粉** 50 公克（合計 160 公克）攪拌均勻，間隔 2-3 小時攪拌一次，夜間可以放在溫度較低的地方，不用攪拌。

　　第 4 天、第 5 天、第 6 天重複第 3 天的工作。7 天後即可使用於製作老麵，起種的比例為 5%。如果產品數量少且使用麵粉相同，可以直接當作老麵拌入主麵團，通常為 5%-30%。

（2）穀物起種的製作方法：

　　各種麥子均有酵母存在於穀物的表皮，因此製作穀物起種，不需要像水果起種一樣先培養酵母水，直接透過水合作用製作起種即可。

　　許多穀物除了有酵母菌以外還有乳酸菌，因此培養穀物起種時需要特別注意酸度，許多喜好酸麵包的地區，偏好以裸麥培養起種。

　　製作使用的麵粉一般會使用小麥全麥粉或是裸麥全麥粉，灰分越高越好，代表麥子研磨過程中保留越多的成分，比較適合培養起種。

　　製作時間大約 7-10 天，和水果起種的製作方式相同，唯一不同的地方是酸度的控制。穀物起種培養必須全程控制溫度和酸度，溫度高於 28°C，乳酸菌較為活躍，適合製作酸麵起種，所以必備溫度計和酸度計。製作方法如下：

第 1 天：麵粉 50 公克（通常使用小麥粉，例如高筋麵粉、T55、T65，視麵包配方需要而定）、**水** 60 公克（煮沸後加蓋冷卻）、**葡萄糖** 1 公克（合計 111 公克）放入高溫烘烤冷卻後的透明玻璃容器中，攪拌均勻。間隔 2-3 小時攪拌一次，夜間可以放在溫度較低的地方，不用攪拌。酸度根據個人需求設定，但 pH 值不要低於 3.8，在東方建議 pH 值在 4.5 以上。

第 2 天：前一天**麵種** 50 公克（丟掉 61 公克）、**水** 60 公克、**麵粉** 50 公克（合計 160 公克）攪拌均勻，間隔 2-3 小時攪拌一次，夜間可以放在溫度較低的地方，不用攪拌。

第 3 天：前一天**麵種** 50 公克（丟掉 110 公克）、**水** 60 公克、**麵粉** 50 公克（合計 160 公克）攪拌均勻，間隔 2-3 小時攪拌一次，夜間可以放在溫度較低的地方，不用攪拌。

第 4 天、第 5 天、第 6 天重複第三天的工作。7 天後即可使用於製作老麵（若環境溫度較低，可能需要 10 天），起種的比例為 5%。如果產品數量少且使用麵粉相同，可以直接當作老麵拌入主麵團，通常為 5%-30%。

五 │ 翻麵 (Stretch & Fold, S&F) 的手法

(以硬種老麵麵團為例)

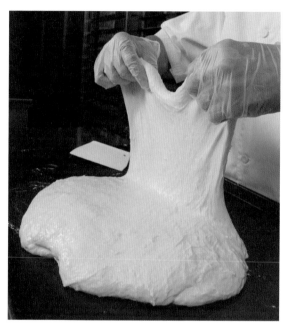

▲ **翻麵動作1**：從任意一側拉起麵團

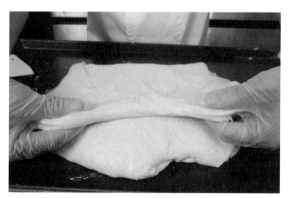

▲ **翻麵動作2**：向前折麵團

▲ **翻麵動作3**：相反的方向拉起麵團

▲ **翻麵動作4**：向內側折回麵團

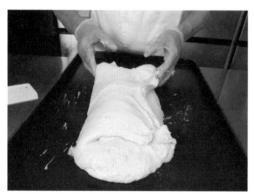

▲ **翻麵動作5**：將麵團旋轉90度

▲ **翻麵動作6**：相同的動作拉起麵團

▲ **翻麵動作7**：向外側折麵團

▲ **翻麵動作8**：反方向拉起麵團

▲ **翻麵動作9**：向內側折回麵團

▲ **翻麵動作10**：完成翻麵拉和折的麵團

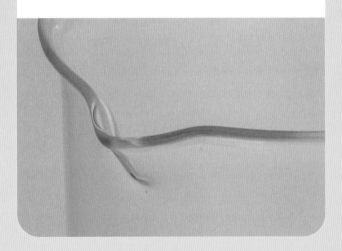

Chapter 1

原理

01 與酵母共舞

　　2005 年我剛過五十歲，放下飛來飛去的行李箱，丟掉西裝領帶，換上一輩子從來沒有穿過的廚師服，一片茫然，完全沒有預設任何長遠的目標，也不知道自己對製作麵包是否有興趣，只是想要有一個舞台。剛開始時，對我而言，即使最基本的麵團滾圓都比移動滑鼠困難得多。在科技的領域裡，一加一永遠恰好等於二，每件事情都必須精準，每一個步驟都必須有標準流程可以依循。製作麵包完全背離我所受的訓練。

　　1999 年我到上海工作的時候，我的啟蒙老師，也是我的妻子阿段開了這家名叫「阿段烘焙」的蛋糕店，退休後我到店裡幫忙，她成為我的老闆，她是一位藝術愛好者，繪畫雕塑斷斷續續下了幾十年功夫。開始學習製作麵包的時候，我問她需要攪拌多久？她說：「剛剛好就好。」問她溫度幾度比較恰當？她說：「不要太高也不要太低。」跟她說配方上的比例很奇怪，加起來總和不是 1，她說：「這是烘焙人

專屬的『烘焙比例』。」我大學念物理系，研究所念的是管理，在這家店沒有一件事情合乎我所受過的訓練，對我而言這些都是不合邏輯的。那時真的是有點慌了，我發現在這個領域經驗值重於理論值，對我這個從科技領域來的人而言非常痛苦，但是每當麵包出爐，那來自天然的麥香是如此讓我著迷，看到一顆顆麵包頭好壯壯的從烤爐跑出來，令人非常愉悅，這時我才意識到製作麵包才是我的最愛。

做麵包是很療癒的，小小的工作室給了我很快樂的退休生涯，也可以說我這一生最好的時光就在烤箱邊上。但過程中烤壞麵包的比例很高，有時候發不起來；有時候氣孔組織完全不符合期望──做鄉村麵包冒出一堆大泡泡；做棍子麵包表面光光滑滑的，像支拋光的擀麵杖；做司康硬得像鵝卵石，適合當暗器；烤焦了就自我解嘲「人生不能留白」。總而言之，笑話百出，浪費不少材料，隨時有被老闆娘掃地出門的危險。

有一天她實在氣不過，說了一句很經典的話：「如果我可以把你教會，我要寫一本書，書名叫做『如何訓練麵包師』。」

我想這樣下去不行，遲早會被踢出門，我必須找出一些參考值，縮小錯誤的範圍，例如攪拌時間、離缸溫度、出筋的程度……於是我開始大量閱讀烘焙書籍、加入許多國內外的烘焙社群，偶爾參加一些國外師傅來台灣開設的課程，當時我只潛水，很少發表文章。閱讀、整理、練習，如此過了兩三年，對麵團的操作比較有心得之後，我開始觀察麵團發酵的每一個步驟，試圖在複雜的過程中找出一些規則。

我漸漸發現貫穿整個麵包製作過程的決策元素是**酵母**。

在這個行業裡，不論是從商業或是歷史文化的角度，都必須深入研究這群可愛的微生物，了解酵母和麵團之間的行為模式，定位產品和生產排程就不是問題了，而每位麵包師傅在養成過程中產生的故事，都可以成為品牌和行銷話題。有了以上這些，市場區隔自然形成，認同企業精神的客群會不斷增加，企業便得以持續經營。

記得高中生物課本就有提到酵母，當時對於微生物沒有多大興趣，學得快忘得也快。剛開始製作麵包的時候，我一直不能理解為什麼小小的麵團可以發成大大的麵包，覺得很神奇，就回頭去閱讀一些關於微生物的科普書籍。原來生物發酵和化學發酵是不一樣的概念，化學性的材料（例如泡打粉）加入麵團，發酵一次之後就結束了；生物發酵的麵團，每個階段都比上一個階段膨脹得更快，代表發酵過程中，酵母族群的數量不斷增加。因此我朝生物發酵的方向研究，逐漸將麵團發酵的過程分成五個階段，建立每一個階段結束時的檢核條件，然後發現每一個階段的功能都和酵母的行為模式息息相關。接下來的問題是**每一位師傅都有自己習慣的作業模式，我如何製作出一套明確又有效率的作業流程？**

這是逆向思考的邏輯，我們必須先決定想要呈現的麵包特性，再決定用怎樣的方法達成，以下舉兩個例子說明此概念：

第一個例子，我們想用裸麥酸種製作酸種鄉村麵包，希望它很緊實、微酸、可當作主食。要達到這樣的目標必須自己培養酸種的起種，或是找到市面上銷售的酸種商業酵母，使用它來製作酸種，再將老麵加入主麵團，攪拌完成，經過分割、整形及發酵程序之後入爐烘烤。當我們決定了麵包的

特性以及製作方法，基本上就已經決定了使用的材料和製程。

第二個例子，我們想要使用義大利傳統的硬種老麵製作拖鞋麵包，希望它具備較大的中型氣孔、內部柔軟、可以

Q 魯邦種（Levain）、酸種（Sourdough）、老麵（Lievito Madre）這些名詞都是指老麵，到底怎麼區分呢？

A 不用區分。這是三個不同體系產生的名詞，張飛和岳飛，不同時空不用互打。它們同樣都是預發酵的概念，把一部分的麵團提前發酵，也同時進行水合。

Levian 源自法國，傳自波蘭的液種（Poolish）為最常使用，以小麥麵粉為主要的培養材料，其他麵粉（例如裸麥）為輔。

Sourdough 源自德國和俄羅斯，在美國舊金山發揚光大，以裸麥（Rye，黑麥、黑裸麥）為主要材料，因為含有豐富的乳酸菌，風味從微酸到極酸都有人喜歡，早期東方人接受度不高，和西方人害怕臭豆腐一樣，是飲食習慣的差異，但現在在東方接受度越來越高，酸度也越來越強。

Lievito Madre 源自義大利，Madre 是義大利文「母親」的意思，所以老麵和起種經常共用這個名詞，材料則各家不同，基本還是以小麥麵粉為主。但我也看過使用裸麥或是斯貝爾特，例如龐貝古城挖出來的麵包就含有斯貝爾特小麥粉的成分，這些生產在中歐、北歐的農產品出現在義大利，證明了「條條大路通羅馬」，可以看出當時義大利的盛況。

當做三明治的麵包體。然後我們研究義大利人如何製作老麵（Lievito Madre），其中培養起種的方法就有很多種，每一家都有自己的特色，有的起種養在水裡，有的用布包起來養在空氣中，有人甚至宣稱從牛糞中取得起種，各家說法不一，都認為自己最正統。我們很難加以分辨，唯一的方法就是跳開那些故事，針對風味選擇——氣孔要大，水量就不能太低。老麵必須遵照傳統，如果我們選擇很多義大利師傅使用的義大利硬種老麵（Biga），粉水比例大約是 2:1，可以使用自水式培養的起種或是包布放在空氣中，一旦確認這些變數，也就確定了整個製作流程。

但是如果從發酵的角度，麵包的製作工序會配合酵母的行為模式分成不同階段。

在攪拌主麵團之前，我們先將部分的麵粉和水搭配自己培養的起種（或商業酵母）製作成老麵，這個製作老麵的階段通常被視為麵包生產的預備作業，並不會被放入製作流程中。

因此可將麵包製作流程依照發酵的順序，區分為五個階段：

1. 主麵團：攪拌主麵團。

2. 前置發酵：主麵團攪拌完成到分割之前。

3. 中間發酵：從分割滾圓到整形。

4. 後發酵：分割整形完成到裝飾後入爐烘烤之前。

5. 烘烤：入爐到麵包出爐。

麵包發酵過程的五個階段

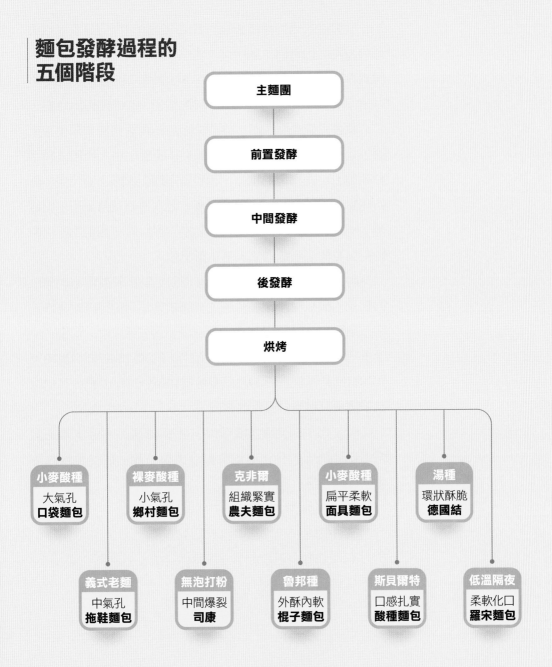

主麵團

前置發酵

中間發酵

後發酵

烘烤

小麥酸種
大氣孔
口袋麵包

裸麥酸種
小氣孔
鄉村麵包

克非爾
組織緊實
農夫麵包

小麥酸種
扁平柔軟
面具麵包

湯種
環狀酥脆
德國結

義式老麵
中氣孔
拖鞋麵包

無泡打粉
中間爆裂
司康

魯邦種
外酥內軟
棍子麵包

斯貝爾特
口感扎實
酸種麵包

低溫隔夜
柔軟化口
羅宋麵包

圖中除了列出發酵過程的五個階段，最下方分別為烘烤完成後可能出現的十種狀況，本書後面的章節會介紹這十種麵包，以實例進一步詳細說明。未來讀者在設計產品時，可以用反向思考的方式逆推回材料的選用和發酵流程的規劃。

　　讀者可能會發現，本書部分產品和我的第一本著作《火頭工說麵包、做麵包、吃麵包》有所重疊，主要原因是為了歸納麵包可能出現的特性，我們以最經典的產品為代表。例如司康，雖然兩本書都介紹司康，但本書的司康使用生物發酵，配方中沒有泡打粉，每一個階段都以酵母為主；酵母屬於生物發酵，它是活的，會不斷繁殖。

　　所以簡單來說，使用生物發酵的重點在於如何增加酵母的數量；酵母數量增加會導致三個結果，第一釋放的酵素較多，第二產生的氣體較多，第三麵包風味更豐富。本書〈中間爆裂的麵包——不用泡打粉製作司康〉使用生物發酵的方式，有別於以泡打粉的化學發酵方式製作司康，讀者可以清楚了解這兩種發酵過程的差異。

　　換言之，即使兩本書當中有重疊的產品，但本書完全使用新的概念製作，有助於讀者對單一產品的變化產生更多想像。

麵包
製作流程

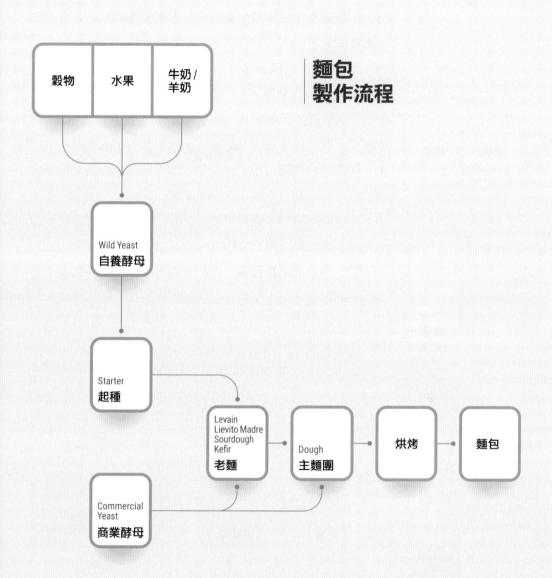

穀物　水果　牛奶 / 羊奶

Wild Yeast
自養酵母

Starter
起種

Levain
Lievito Madre
Sourdough
Kefir
老麵

Commercial
Yeast
商業酵母

Dough
主麵團

烘烤

麵包

關於麵包製作的方式，從上圖的麵包製作流程可以歸納出幾種做法：

　　1. 將足量的商業酵母直接加入主麵團攪拌，一次完成稱為**直接法**。

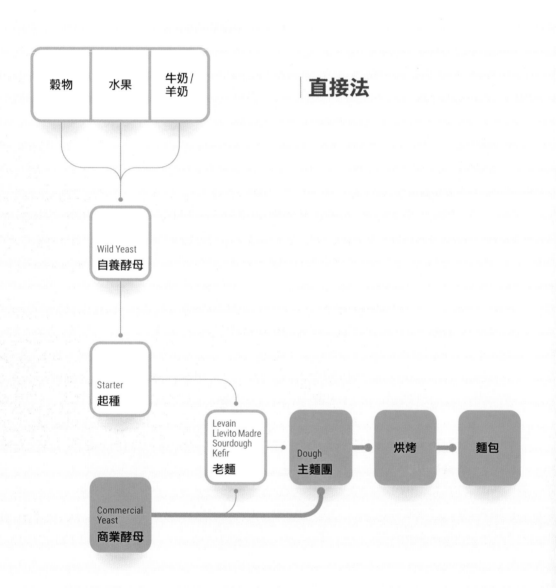

直接法

穀物　水果　牛奶／羊奶

Wild Yeast
自養酵母

Starter
起種

Levain
Lievito Madre
Sourdough
Kefir
老麵

Commercial
Yeast
商業酵母

Dough
主麵團

烘烤

麵包

2. 將商業酵母加入老麵攪拌，約 20-30 分鐘攪拌或翻麵一次，共 2 次。第二次攪拌或翻麵後冷藏 12 小時，再取出使用，稱為**隔夜宵種**。

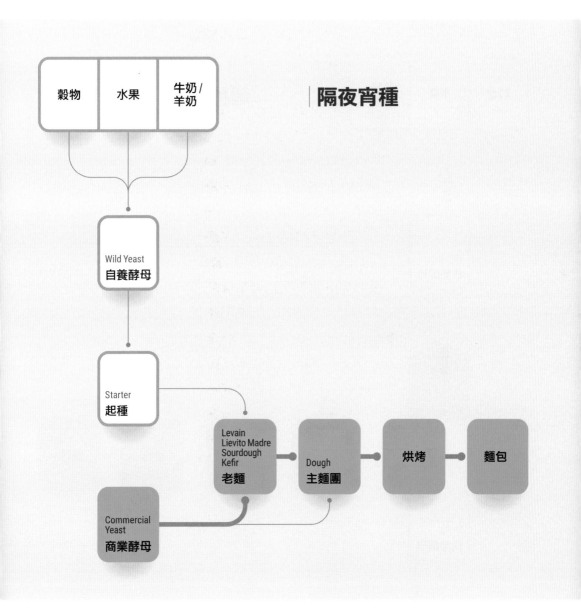

｜隔夜宵種

3. **使用自養酵母製作的起種培養老麵**，依照各國習慣或不同菌種賦予不同的名稱，例如 Levain、Sourdough、Lievito Madre、Kefir、Culture 等等。

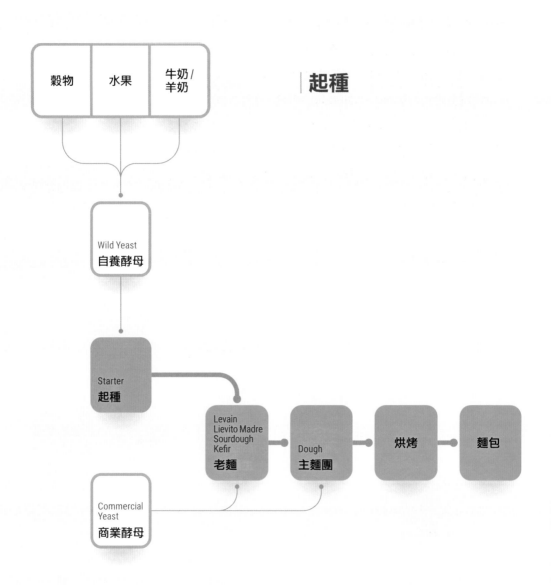

4. 市面上也有廠商將特定方法取得的酵母加上載體，以**起種**或是**新鮮酵母**的概念銷售。

5. 老麵的水量占粉量的比例低於 50% 時，麵團的硬度較高，一般稱之為**硬種**。如果水量和粉量的比例接近或大於 100%，麵團呈現糊狀，一般稱之為**液種**。

以上的名詞各家解說方式不一，本書採取一般可以接受的定義，避免後面章節在敘述時產生混淆。

發酵過程除了酵母菌以外還有乳酸菌和醋酸菌，我們在〈小氣孔的麵包——以酸種製作鄉村麵包〉以及〈組織緊實的麵包——以克非爾麵種製作農夫麵包〉兩章會詳細說明。

頁 61 和頁 63 的兩張圖都是以酵母為主角，這也是書名為「與酵母共舞」的緣由。

02 自養酵母、商業酵母與起種

　　烘焙酵母主要存在於穀物或是水果的表皮。用來培養酵母的穀物種類很多，最常見的有小麥麵粉、裸麥麵粉等，其中整粒研磨的全麥麵粉最適合用來培養酵母。而最常用來培養酵母的水果的是低溫烘乾的果乾，尤其是葡萄乾，自古以來用葡萄釀酒，穩定而且安全。

　　近代的商業酵母也是取自於天然的穀物或是水果培養出來的菌種，依據所需要的功能選擇適合的菌種，經由現代培養技術，透過實驗室及工廠大量複製，放入載體作為可銷售的商品。商業酵母依據不同的功能分為很多種類，例如以起種形式出現的新鮮酵母（Fresh Yeast）、含有乳酸菌的穀物酸種酵母（Sourdough Starter）、取自牛奶或羊奶同時含有酵母菌及乳酸菌的菌株（Kefir Grain）、乾酵母（Dry Yeast）、即溶酵母（Instant Yeast）等等，不勝枚舉。

　　商業酵母問世之後，麵包烘焙的門檻大幅降低，可以在短時間內生產出大量的麵包，經由自動化設備，減少人力的

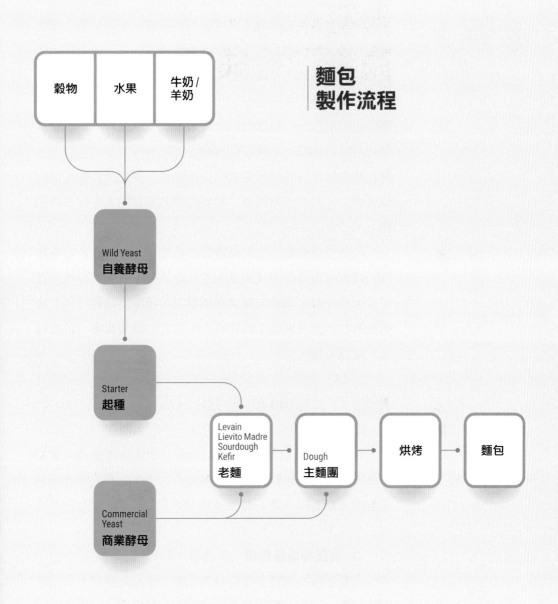

麵包
製作流程

穀物　　水果　　牛奶 / 羊奶

Wild Yeast
自養酵母

Starter
起種

Levain
Lievito Madre
Sourdough
Kefir
老麵

Dough
主麵團

烘烤

麵包

Commercial
Yeast
商業酵母

依賴，做出穩定且合於食品安全衛生法規的產品，並經由物流系統配送到各個銷售點或終端用戶的手中。因此，近代烘焙產業形成兩極化，其一為大型的銷售點或是連鎖型企業的誕生，其二為精緻化的小型社區麵包店，隨著大型企業不斷成長，社區麵包店逐漸式微。以往社區麵包店強調的現做現烤，如今許多大賣場也分隔出現做現烤的烘焙區域；而社區麵包店引以自豪的精緻材料，大型連鎖企業擁有更多的價格優勢可以取得精緻而廉價的食材；商業酵母的穩定性替代了傳統麵包師傅自養酵母的大部分市場，小型的社區麵包店面臨資金、人力、市場規模、材料取得等等問題，生存日趨困難。

許多堅持傳統的麵包師傅在經濟壓力下屈服了，但有些麵包師傅突破這些困境，逆向走向金字塔的尖端，尋找到支持自己的社群，結合友善土地的農友，找出自己的特色，反而在多次的食安風暴中脫穎而出，建立品牌和信譽，銷售穩定，屹立不搖。

常見自養酵母的做法

許多工藝麵包師（Artisan Baker）會以自養酵母（Wild Yeast）來增加麵包的風味，形成自己的特色，與大型連鎖企業做出市場區隔，常見的做法如下：

1. 從穀物培養起種：尋找特定的穀物，例如特定區域的小麥全麥粉、裸麥全麥粉和等比例的水混合攪拌，第二天倒掉一半，再加入相同分量的麵粉和等比例的水，重複前一

天的動作。持續培養7至10天，麵糊的發酵力量不斷增強，代表酵母的族群數量不斷增加，主導整個麵團形成優勢菌種，酵母就存在於這些麵團裡面，這個麵團我們稱之為**穀物起種**（Starter）。用現代人的觀念來說，就是把麵團當成酵母的載體，只要不斷更新麵粉，使酵母的食物不虞缺乏，就可以不斷延續。冷藏保存它的功能完全等同於現代的商業酵母，只是外觀形式不同，現代的商業酵母是顆粒狀的，但是商業酵母也有不是顆粒狀的。近代很多酵母廠家，也開始回歸古代起種的做法，例如新鮮酵母，外觀上比較接近古代的起種。至於如何從穀物培養起種，在〈導讀〉的「7. 水果與穀物起種的培養方法」有詳細介紹。

有了起種以後，每日取出一部分製作老麵，剩餘的部分持續餵養，生生不息。所以有人將起種又稱作 Culture（這個字也可以翻譯成「文化」，意味著習慣和傳承）。

發酵除了酵母菌以外，有些穀物例如**裸麥**（Rye）含有

◀穀物酵母液種

乳酸菌，發展出偏酸的麵種，做出來的麵包很適合作為主食的基底，後來發展成**酸種**。

2. 從水果培養酵母： 尋找特定的低溫乾燥水果乾，加入 3 到 5 倍的水，密封在罐子裡，經常搖晃。為避免產氣壓力太大使瓶子爆裂，每天微微扭開瓶蓋，放掉一部分氣體，瓶內則盡可能保持在無氧的狀態，避免好氧的雜菌滋生，使酵母順利成為優勢菌種。培養 7 至 10 天後，就可以得到一個擁有許多酵母的液體。但由於水果種酵母剛完成的時候是懸浮在水中，類似花粉在空氣中的布朗運動（Brownian Motion），我們稱之為酵母水（Yeast Water）。酵母的食物是水果釋放出來的葡萄糖，然而一旦資源耗盡，它們就無法生存，因此我們把培養好的酵母水和麵粉混合，酵母釋放出來的澱粉酵素（Amylase）將澱粉分解成單糖，成為酵母的食物。

用水果酵母液製作的穀物起種，和直接用穀物製作的穀物起種，由於酵母的來源不同，做出來的麵包風味也不盡相同。但水果酵母液更常用於釀酒，原理是一樣的，所以有人說**酒是液態的麵包，麵包是固態的酒**。酵母水運用到麵包上需要多一道手續，因為水果酵母液的載體是水，因此若要在麵團裡頭起發酵的作用，需要先把培養好的酵母水放入穀物中，一樣每天丟掉一半，等比例餵養新的麵粉，經過 7 至 10 天，就可

Q 起種和商業酵母可以相互替代嗎？

A 可以。我們可以完全把起種視為古代的商業酵母，兩者完全可以相互替代，但是做出來的麵包風味會有差異。

以成為穀物起種。為了和直接從穀物製作的起種有明確的分別，我們就直接用水果種的名稱命名，例如葡萄乾培養的起種就叫做**葡萄乾酵母起種**（在〈導讀〉的「7. 水果與穀物起種的培養方法」有詳細介紹）。

　　不論從哪裡取得酵母，包括商業酵母和自己養的酵母都是天然的。人類目前還沒有能力創造生命，在實驗室大量複製的酵母一般稱為**商業酵母**，自行培養自然界的酵母叫做**自養酵母**或是**野生酵母**，目前也有烘焙師傅將來自於牛、羊奶用來製作優格的**克非爾菌株**放進麵團中培養克非爾起種。

▼水果酵母液

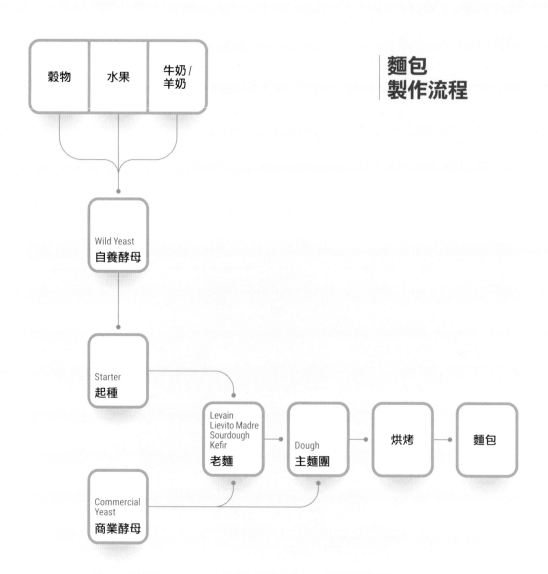

麵包
製作流程

穀物　水果　牛奶/羊奶

Wild Yeast
自養酵母

Starter
起種

Levain
Lievito Madre
Sourdough
Kefir
老麵

Commercial
Yeast
商業酵母

Dough
主麵團

烘烤

麵包

最後我們再回到這一張圖，就可以很清楚地了解起種都是先從穀物或是水果取得酵母，然後在麵粉中大量繁殖，也就是說古代的起種等同於現代的商業酵母，兩者扮演相同的角色。

有了來源穩定、族群數量充足的酵母或是起種之後，使用培養好的起種製作老麵，最後和所有的材料攪拌成主麵團，主麵團就會有足夠的酵素可以裂解蛋白質、澱粉、蔗糖等等，同時在發酵的過程產生足夠的氣體，用來使麵團膨脹，產生烘焙彈性。

可以開始製作麵包了。

Q 起種和老麵是否可以合併成一個階段，不加以區分？

A 一般家庭每次做的麵包數量很少，所以經常直接把起種當作老麵加入主麵團中。也就是說，合併流程圖中的「起種」和「老麵」，不再加以區分，而直接以「老麵」或「起種」稱之。有些麵包店也會直接把起種養成數量龐大的老麵，例如直接使用老窖機，就不再去區分起種或是老麵，直接稱為「老麵」或是「起種」。

但是當製作麵包數量大的時候，因為需要的量比較多，或是老麵的麵粉和起種的麵粉不同，就必須先培養老麵再進行主麵團攪拌。將兩者合併的風險，在於起種用完必須再花很長時間重新培養。如果分成兩個階段，培養好的起種先低溫乾燥（40°C 以下），然後直接冷凍，可以保存很長一段時間。老麵有問題的時候，取出乾燥冷凍的起種加水調和，可以迅速得到品質相同而且穩定的老麵。因此本書將起種和老麵細分成兩個階段，有利於起種的保存。

03 老麵

在第 2 章我們可以得到兩個結論：

1. 起種和商業酵母在發酵過程中扮演相同的角色。

2. 起種和老麵在特定狀況下可以合為一個階段，但將它們分成兩個階段，比較容易理解每個階段的功能。

將起種和老麵分開製作的原因在於：

1. 方便保存：一旦老麵有問題，隨時可以用低溫乾燥保存的起種複製老麵。

2. 數量問題：大約 5% 的起種就可以培養出很多老麵，如同 0.2% 的商業酵母就可以做出大量隔夜宵種老麵。

3. 階段任務不同：起種重點在增加酵母族群成為麵團的優勢菌種；老麵除了追求酵母數量增加以外，還包括水合過程（酵素裂解澱粉、蛋白質、麵筋形成等）的作用，兩者階段性的目標重點不同。

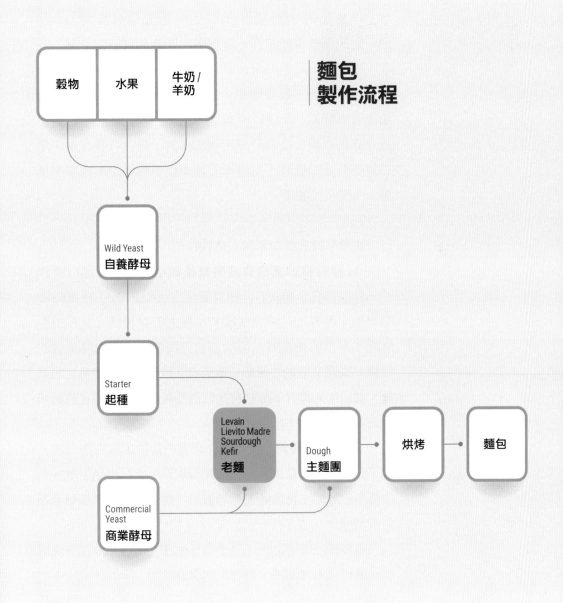

麵包
製作流程

穀物　水果　牛奶 /
羊奶

Wild Yeast
自養酵母

Starter
起種

Levain
Lievito Madre
Sourdough
Kefir
老麵

Dough
主麵團

烘烤

麵包

Commercial
Yeast
商業酵母

老麵

老麵是**預發酵**的概念，也就是把一部分麵團提前 12 至 24 小時發酵。例如取麵團總粉量的 30% 加上不同比例的水，以及 0.2% 的商業酵母（或 5% 的起種）提前加水拌合，延長麵團發酵時間，這個階段的麵團就稱為**老麵**。在這一段時間，商業酵母或是起種培養出來的酵母大軍，迅速攻入老麵麵團截取資源。它們利用數量龐大的優勢，大量釋放出酵素，迅速分解麵團中的蛋白質、澱粉等。澱粉被分解成單糖，提供酵母足夠的食物；蛋白質被分解，增加麵筋形成的機率，而酵母的數量也不斷增加形成優勢菌種，主導整個麵團。

　　簡單來說，製作老麵主要目的有二：

　　1. 酵素裂解蛋白質成為體積較小的分子：進行攪拌時，醇溶蛋白（Gliadin）和麥穀蛋白（Glutenin）接觸的機率增加，在下一個拌合老麵和主麵團的步驟時，這些被裂解成小單位的蛋白質，可以協助主麵團更快形成雙硫鍵的結構，也就是俗稱的**麵筋**。麵筋可以包覆酵母發酵產生的氣體，當這些氣體受熱膨脹時，因為被麵筋包覆，而在澱粉固化之前形成氣室，使麵包膨脹。

　　2. 澱粉被裂解成葡萄糖：葡萄糖是酵母的主要食物，有了食物就可以產生能量，使酵母成長、進行出芽生殖，產生更多的酵母，再度增加族群數量，成為未來進軍主麵團的武裝部隊。

　　商業酵母發明之後，為了大量生產，麵包師傅直接使用商業酵母加入主麵團，縮短麵包發酵時間，降低作業成本，迅速達成上述兩項功能，一般就稱之為**直接法**。然而發酵時

間縮短會造成水合時間不足，由於發酵的過程並不僅只是產生大量的二氧化碳使麵包膨脹，也需要足夠的時間完成水合過程中所必須完成的動作，所以即便是使用商業酵母，也會在前一天下午用粉量 0.2% 的商業乾酵母培養老麵，就是我們常說的**隔夜宵種**。它和老麵的概念相同，差別只在用商業酵母或自養起種，因為酵母的來源不同，產生的風味自然不同，各家有不同的說法和堅持。

一般而言，製作老麵需要的起種分量是老麵總重量的 5%，但還是需要依照起種的活力再做調整；如果用商業酵母，分量大約是 0.2%-2% 之間。這種老麵會依照不同起種或是特性不同的商業酵母來命名，例如使用酸麵團起種培養出來的老麵就叫做「酸老麵」。

不論採用哪一種方式製作老麵，增加這個步驟可以延長水合的時間，使發酵過程更加完整、麵團的彈性和風味更好，從麵包發酵的程序或營養學的角度來看都是加分。所以很多麵包師傅就算使用商業酵母，也會製作隔夜宵種，提高麵包的品質。

老麵有以下幾種分類方式：

1. 依照粉水比例：

　❶ **液種**（Poolish）：源自波蘭，在法國被大量運用，粉水比例約為 1:1，本書直接稱之為「液種」。

　❷ **硬種**（Biga）：源自義大利，粉水比例約為 2:1，本書直接稱之為「硬種」。

▶ 液種

▶ 硬種

2. 依照酵母來源：

❶ 商業酵母：每家說法不同，使用商業酵母培養的老麵為「隔夜宵種」。

❷ 自行培養的起種。

以上兩者是否可以互相替代，取決於麵包師傅對老麵的態度。**本書為避免混淆，無論是使用商業酵母或自己培養的起種製作出來的，一律皆稱為「老麵」。**讀者可以依照自己的喜好選擇酵母的來源。

3. 依照菌種特性：

❶ 酸麵團老麵：來自穀物，含有乳酸菌的起種或是商業酵母製作的老麵。

❷ 克非爾老麵：來自牛奶，含有乳酸菌的起種或是商業酵母製作的老麵。

❸ 水果種老麵：用釀酒的水果酵母水製作的起種所培養的老麵。

▼ 用布包起來，在空氣中培養的老麵

4. 依照培養方式：

❶ 在空氣中（in air）培養：覆蓋保鮮膜或是用布包起來，在空氣中發酵。

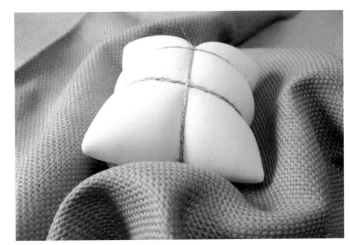

▲水式老麵

❷ **在水中**（in water）**培養**：粉水比例降到 1:0.45 以下，
老麵團變得很硬，可放入水中培養，待浮到水面上，再撈起
來使用。

　　製作老麵的時間最少在 12 個小時以上，在這麼長的時間
裡，酵母周圍必須要有足夠的食物才能持續成長，但酵母能
夠移動的距離有限，一旦周邊的葡萄糖使用殆盡，酵母就會
死亡。因此麵包師傅必須協助酵母移動位置，以便尋找新的
食物，協助的方式主要視老麵的粉水比例而定，如果是粉水
比例 1:1 的液種，可以直接攪拌，使酵母移動位置；如果是粉
水比例是 2:1 的硬種，就需要使用翻麵「拉和折」代替攪拌。

　　攪拌或翻麵的目的是協助酵母移動位置，以便取得新
的食物，持續成長生殖、增加族群數量，並且讓被酵素裂

▲ 液種攪拌

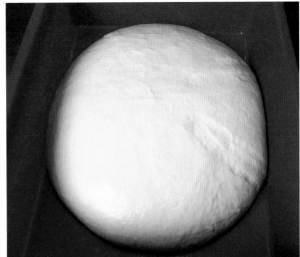
▲ 攪拌好的硬種老麵麵團

解的小分子蛋白質有更多機會形成麵筋。但是在**老麵麵團完成後，如何判斷何時需要攪拌或翻麵呢？並不是以時間來決定，而是取決於體積是否膨脹到 2-2.5 倍。**因為環境溫度不同，發酵的速度就會不一樣，例如在室溫 28°C-30°C 的台灣，麵團 1.5 至 2.5 小時就可以達到 2 倍體積；而當環境溫度低於 25°C 時，要超過 3 小時才能達到 2 倍體積，因此時間只能當參考，目測體積才更準確。

　　攪拌或翻麵老麵麵團兩次之後，老麵當中酵母的族群數量已經增加很多，此時將老麵放入 5°C 的冰箱冷藏 12 小時以上，通常會設定在下午下班的時候放入，隔天上午就可以拿出來使用。

　　老麵製作完成後，就可以進入主麵團的攪拌。

04 主麵團

本章比較複雜。我們在第一章曾提到，麵包製作流程可分為下列 5 個階段，這是根據我製作麵包的多年經驗而來，每位麵包師傅的劃分方式可能不盡相同。

1. 主麵團：老麵和所有材料攪拌後的成品。

2. 前置發酵：主麵團攪拌完成到分割之前。

3. 中間發酵：從分割滾圓到最後一次整形。

4. 後發酵：分割整形完成到裝飾入爐烘烤之前。

5. 烘烤：入爐到麵包出爐。

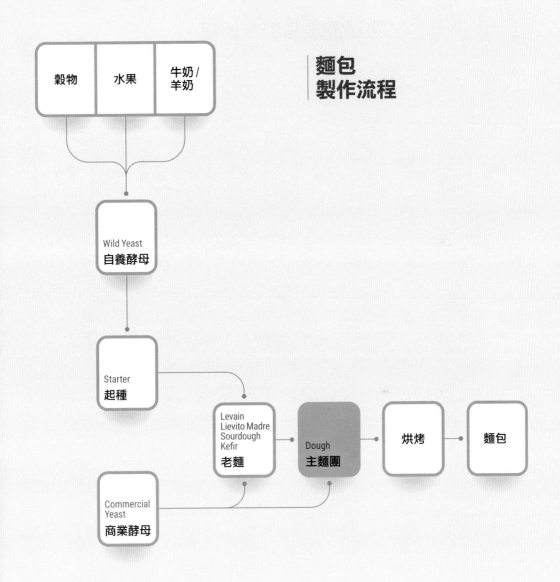

麵包
製作流程

| 穀物 | 水果 | 牛奶 / 羊奶 |

Wild Yeast
自養酵母

Starter
起種

Levain
Lievito Madre
Sourdough
Kefir
老麵

Dough
主麵團

烘烤

麵包

Commercial
Yeast
商業酵母

主麵團

主麵團後段製作流程

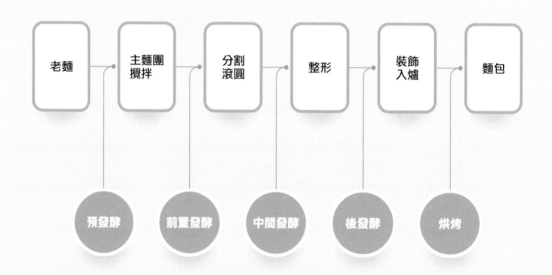

老麵 — 主麵團攪拌 — 分割滾圓 — 整形 — 裝飾入爐 — 麵包

預發酵　前置發酵　中間發酵　後發酵　烘烤

本章包含第 1 到第 4 階段，但並不是要介紹所謂的標準流程，因為每一種麵包的狀態都不相同，例如圓麵包（Bun）、扁平麵包（Flat Bread）、長棍麵包（Baguette）、鄉村麵包（Pain de Campagne）……它們的材料、重量、形狀、組織、表皮都不一樣，所以很難設計一體適用的發酵理論。本章主要是介紹**前置發酵**、**中間發酵**、**後發酵**這三個程序的通則，在下一階段才會針對每一種不同特性的麵團做結構性的說明。

老麵完成後，進入主麵團的攪拌階段。首先要清潔工作台、備料、準備模具和其他工具，除此之外，通常是最資深的師傅負責主麵團攪拌，他必須考慮整體排程。因為當麵團開始進行攪拌，意味著所有後續的流程都已經確定，每個步驟都不容延遲。如果工作室有其他幫手在同時間製作好幾種麵包，師傅必須確保所有流程都很順暢，否則就會人仰馬翻，發酵箱、烤爐使用相撞。攪拌時有很多空檔，師傅可以利用這些時間了解其他人員的進度，加以管理。

控制好排程可以使工作室井然有序，並降低人事糾紛。時程安排得好，可以在人性化的前提下，把人員閒置時間和材料耗損降到最低，同時將產能提到最高。相反的，排程沒有設計好，會發生很多狀況，例如麵團發酵完成卻沒有烤爐可用，造成麵團過發；或是工作人員甲很忙碌，乙卻無所事事。很多麵包師傅忽略了這一點，整個程序亂成一團，結果衝突與內耗造成龐大的損失。因此，這個人選如果不是自己擔任，就必須很慎重的挑選，能力和態度必須並重，能力不足，無法管控流程；態度不正確，無法控管品質，不可不慎。

準備工作之後，接下來就開始製作主麵團。再次強調，以下所述只是通則，並非所有麵團都要按表操課，請讀者先思考想要呈現的麵包特質，再安排流程。

主麵團製作流程

1. 水合（Hydrated）：水合和自解法（Autolyse）在概念上有些雷同，將麵粉和水（不包括酵母、鹽和老麵）提前攪拌，放入 5°C 的冰箱冷藏 1 到 3 小時。可依照麵團大小，以及攪拌完成離缸時的溫度調整時間；如果麵團很大，冷藏時間可以超過 3 小時，甚至隔夜。這個步驟的目的不是發酵，而是讓麵團進行水解，使麵粉中的酵素可以有足夠的時間裂解澱粉或蛋白質，同時形成一部分的麵筋。低溫水合可以大幅縮短之後主麵團攪拌的時間，同時避免因攪拌而造成麵團離缸溫度太高。

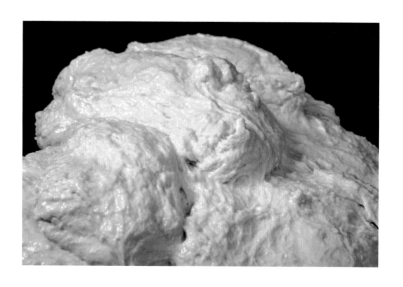

▶ 水合麵團

Q 水合過程中
麵團完成哪些工作？

A 1. 酵素裂解蛋白質協助麵筋形成。
2. 酵素裂解澱粉成為葡萄糖，做為
下一階段攪拌主麵團時酵母的食物。

2. 攪拌：攪拌前先將材料分為以下幾大類：

❶ **水合麵團**：從冰箱取出水合麵團，可直接使用，不需要回到室溫。

❷ **乾料**：麵粉、商業酵母、糖、奶粉

❸ **鹽**：單獨自成一類。

❹ **油脂**：奶油、橄欖油等。

❺ **溼料**：鮮奶、水、麥芽精或麥芽稀釋液。

❻ **餡料**：堅果、果乾、穀物、雜糧、醬料等。

❼ **裝飾材料**：麵粉、糖粉、蛋液等用於表面裝飾材料。

材料分類完成後，先將低溫的水合麵團及乾料、溼料放入攪拌缸中進行攪拌，在成團時就可以放入鹽，形成薄膜時放入油脂類，最後拌入餡料就算完成了。

▲ 材料分類：乾料，左起奶粉、糖、商業酵母、麵粉

▲ 材料分類：油脂，左起奶油、橄欖油

▲ 材料分類：餡料，前排左起杏仁角、夏威夷豆、核桃，後排左起奶橘丁、番茄乾、野生小藍莓、蔓越莓

▲ 材料分類：溼料，左起麥芽水、牛奶

▲ 材料分類：裝飾材料，左起麵粉、蛋液、糖粉

3.自解：在水合麵團、乾料、溼料攪拌成團時暫時停止攪拌，用帆布覆蓋攪拌缸，靜置15-30分鐘，再繼續攪拌。這個階段的功能和水合大致相同，主要是酵素裂解和麵筋形成。

▲ 自解

4.攪拌完成：麵團成形之後放入鹽，麵筋形成之後放入油，麵團攪拌的程度取決於麵包的特性需求。攪拌越久，麵筋越強；攪拌過久，溫度上升，麵團塌陷；攪拌不足，麵團內聚力太低。判斷攪拌程度的方式，可以取一小塊麵團，左右伸展拉開形成視窗，觀察它透明和均勻程度，以及斷裂後形成的鋸齒大小。視窗呈現出不透明也不均勻的狀況，代表麵筋尚未完全形成，且斷裂處的鋸齒狀越粗糙，表示攪拌越不充分；透明且均勻的視窗則代表麵筋充分形成。

▲ 尚未攪拌完成的麵團

▲ 麵筋已充分形成的麵團

影響麵團擴展的因素

　　初學製作麵包的時候，對於攪拌程度的拿捏往往很困惑，弄不清楚哪些麵包的麵團需要攪拌得很均勻？哪些不需要？

　　首先我們必須了解，除了**攪拌**會影響麵團擴展的程度之外，還有三個要素：

　　1. 翻麵次數：攪拌完成後翻麵的次數越多，麵筋形成越完整、內聚力越強；內聚力強則成品彈性好，按壓麵包後會回彈。但是內聚力過強，麵團無法膨脹，麵包就會太硬。如果麵團內部氣體太多，氣體可能從最脆弱的地方衝出來，造成表面不規則爆裂，最常見的是麵包底部兩側裂開。此外內聚力太強，整形時麵團會回縮，可能變成體積太小或形狀不規則，這種情況在製作法國棍子麵包的時候最為明顯。內聚力太強，當我們往兩側拉長，麵團會回縮，若再用力拉則麵筋斷裂，麵包彈性較差、形狀較扁，外觀不好看。改善的方法是靜置一段時間，分兩次拉長。

　　2. 溫度：溫度越高，麵筋越容易斷裂，氣體逸出，麵團塌陷，麵包高度降低，彈性變差。有些麵包需要很好的延展性，例如可頌、羅宋、鹽可頌、德國結等麵包的麵團在前置發酵完成之後，可直接放入冷藏大約 1 至 2 小時，讓麵團中心溫度降到 5℃。自冰箱取出時，麵團的延展性很好，適合用來碾壓或拉長成細長條，製作成酥脆的產品。若工作環境溫度較高時，動作必須加快，一旦麵團變軟，便要立即放回冰箱冷藏或冷凍，待降溫後再取出繼續製作。

　　為了精準控制麵團攪拌完成時的溫度，準備材料時可以

將部分的水換成等重的冰塊，不用擔心冰塊會使麵筋斷裂，麵筋是由兩種蛋白互相隨機接觸而形成，即使斷裂，只要重新接觸，依舊可以形成麵筋。但冰塊的數量要控制好，冰塊太少，麵團離缸溫度較高；冰塊太多，攪拌時間延長，麵筋形成更多，同時離缸溫度較低，會拉長發酵的時間。

3. 麵粉的種類： 製作鄉村麵包時常用的裸麥粉是低麩質麵粉，不太容易形成麵筋，而且溫度高時會很黏手，此時就必須縮短攪拌時間，使離缸溫度低於 22℃。裸麥粉的比例越高，操作越加困難。

Q 需要延展性好的麵團，
應該使用高筋麵粉還是低筋麵粉？

A 麵筋主要是由麵粉當中的麥穀蛋白和醇溶蛋白接觸所形成，因此麵粉中蛋白質的含量決定麵筋的強度。然而這只是充分條件，不是必要條件，因為形成麵筋的關鍵在於攪拌和發酵的過程。如何使麵團前置發酵和中間發酵完成時的麵筋強度合乎我們的期望，重點不在麵粉是高筋或是低筋，而在攪拌和翻麵之後呈現的麵筋強度。

如果我們使用蛋白質含量在 12%-13% 的高筋麵粉，甚至超高筋麵粉，攪拌不足或是過頭時雖然都還能補救，但很容易失敗，導致麵團在拉長時不斷回縮或是斷裂，即使鬆弛一段時間還是會回縮，鬆弛過久又會造成麵團塌陷、成品彈性不佳。所以建議選擇蛋白質含量在 11%-12% 的麵粉，比較容易操作，T45、T55、T65 這幾種標號的歐洲麵粉蛋白質含量都在 11%-12% 左右。

Q 如果只有美規的高筋麵粉和低筋麵粉，如何搭配才可以降低麵團筋性？

A 美規的高筋麵粉蛋白質含量大約是 12%，低筋麵粉大約是 8.7%，如果我們希望得到蛋白質比例 11% 的麵粉 100 公克，以下是簡單但不夠嚴謹的概算方法：

假設高筋麵粉的重量為 x 公克

$100 \times 0.11 = x \times 0.12 + (100 - x) \times 0.087$

$11 = 0.12x + 8.7 - 0.087x$

$11 - 8.7 = 0.033x$

$2.3 = 0.033x$

$x = 2.3 / 0.033$

$x = 69.69$

四捨五入後高筋麵粉大約為 70 公克，低筋麵粉大約為 30 公克，高、低筋麵粉 7:3 的比例就可以得到我們想要的麵粉。

　　總而言之，本章的重點並不是要提出一個公式套用所有產品，而是希望麵包師傅能根據自己想呈現的麵包特性，決定麵粉種類以及攪拌的程度。

　　如果需要酥脆的產品，可選用蛋白質含量較低的麵粉、

縮短攪拌時間、減少翻麵次數、增加油量等方法，例如司康、可頌的口感介於餅乾和麵包之間。

　　如果需要包餡的產品，可選用蛋白質含量較高的麵粉、攪拌至視窗光滑透明、提高離缸溫度，例如台灣日式麵包。

　　若需要氣孔小且緊實的產品，可選用蛋白質含量稍低的麵粉，搭配部分蛋白質含量低的低筋麵粉或是裸麥粉，不需要攪拌到完全透明、降低離缸溫度、利用翻麵的次數控制麵筋的強度，例如鄉村麵包。

　　若需要大氣孔的產品，可選用蛋白質含量在 11% 左右的麵粉，或是利用高低筋麵粉 7:3 混搭，不需要攪拌到完全透明，利用翻麵次數控制需要的延展性，例如拖鞋麵包、法國棍子麵包。這類型的麵包還有一個共同點就是水量較高。

　　麵包依氣孔大小可簡單分成三類：1. 氣孔最大的，例如口袋麵包，整個麵團就是一個空心的大氣孔。2. 中間大小的氣孔做不規則的分布，例如洛代夫、拖鞋、哈斯提克、法國棍子。3. 氣孔較小緊實的，例如鄉村麵包、米琪等。

　　氣孔來自氣體膨脹，而氣體膨脹有兩個因素：

　　1. 空氣受熱膨脹： 包括發酵過程酵母釋放出的二氧化碳，以及整形時包覆進去的氣體。

　　2. 自由水分子受熱汽化膨脹： 自由水分子來自攪拌麵團時高於飽和含水量的水分子。例如麵粉的飽和含水量是 65%，我們拌入 70% 的水量，這些游離的自由水，在烤箱中汽化成水蒸汽，體積變大 1700 倍[1]。自由水分子汽化可以

1　https://tw.answers.yahoo.com/question/index?qid=20090413000010KK02811。

協助麵團膨脹，但如果停留在麵團內，會使得麵團太過潮溼而變得黏牙，也會縮短麵包的保存期限。很多師傅會在麵包烘烤完成時，打開爐門，在門邊夾上一隻手套，關掉爐火再悶 1 到 3 分鐘，使麵團內部汽化的水分子逸出麵團表面。水分子膨脹的概念最常運用在泡芙製作。

如果空氣或水分子產生的氣體無法被包覆在麵團內，便會溢出麵團表面，無法形成氣孔。澱粉受熱前期會先糊化再固化，能夠將氣體在氣壁固化之前包覆在麵團內部，主要是依靠麵筋。麵筋太弱，氣體膨脹時會斷裂，烤出來的麵包是塌的；麵筋太強，氣體無處膨脹，烤出來的麵包會很硬，如果氣體逸出則會更硬。所以發酵過程中，除了控制氣體和水分子以外，還需要控制麵筋的強度。

攪拌完成到分割之前，這個階段稱為**前置發酵**。這段時間透過翻麵持續移動酵母的位置，使酵母接觸更多的食物，不斷成長繁殖，增加族群數量，產生氣體使麵團鬆弛膨脹。通常攪拌完成之後，每隔 20-30 分鐘翻麵一次，大多重複兩次，但仍需視不同狀況調整。例如高水量時，翻麵的次數會增加到三次以上，增加麵團的烘焙彈性。

前置發酵完成之後進行分割，分割完成會先靜置一段時間，再依照麵包的性質做第一階段整形。通常是滾圓，但也有些麵包會直接做成枕頭形狀，方便下一個階段整形。這段時間稱為**中間發酵**。

中間發酵完成後，麵團已經開始膨脹，此時必須把握時間進行最後的整形，使麵團達到我們預期的形狀，進入最後階段的發酵，稱之為**後發酵**。

　　攪拌完成時的團心溫度也會影響整形完成後的團心溫度，例如含有裸麥的麵團攪拌完成時的溫度低於 22°C，整形完成低溫長時間發酵後的溫度不會高過 25°C。

　　攪拌及發酵的三個階段完成，就可以進入烘烤階段了。

▼ 整形完成後的麵團
　團心溫度

05 麵包

　　整形完成的麵團已經具備麵包的雛形，放置一段時間，使麵團的體積達到一定的大小，這段時間我們稱之為**後發酵**。最後把麵團送入烤箱烘烤，麵團受熱之後內部氣體會膨脹，是否可以達成我們期望的外型，取決於以下幾點：

　　1. 適量的氣體：氣體太少，麵團無法膨脹到我們期望的大小；氣體太多，會由最脆弱的地方溢出造成爆裂。必須使用割刀先將表皮割開，使氣體由割開的地方溢出，維持整形好的形狀。

　　2. 表皮的溼度：即使有恆溫與恆溼的發酵箱，但同時可能有很多不同種類的麵團在發酵箱中，例如法國棍子麵包入爐時表面不要太溼，裂開的耳朵才會更加明顯；台灣日式甜麵包需要有一定的溼度，塗抹蛋液後表面才不會龜裂。不同麵團可能有不同的溼度需求，麵包師傅可視情況做適度調整。例如放在帆布上的棍子麵包可置於室溫做最後發酵，並

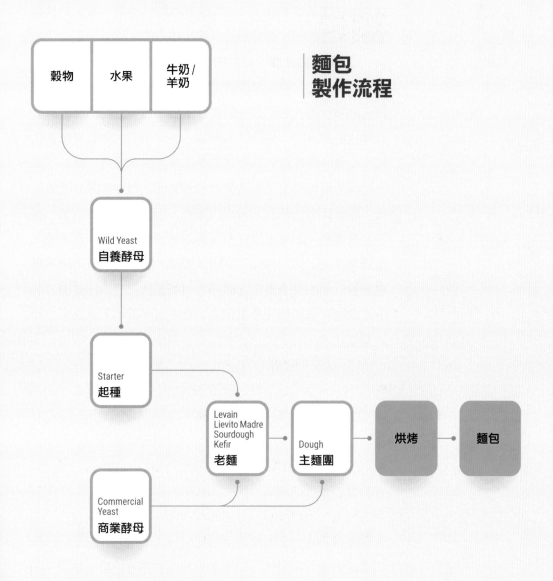

麵包
製作流程

| 穀物 | 水果 | 牛奶 /
羊奶 |

Wild Yeast
自養酵母

Starter
起種

Levain
Lievito Madre
Sourdough
Kefir
老麵

Dough
主麵團

烘烤

麵包

Commercial
Yeast
商業酵母

且視表皮狀況和環境溼度決定折線位置（環境溼度太高時折線在下，利用帆布吸走部分水分；環境溼度低則折線在下，讓表面在空氣中乾燥），每種麵團的特性不同，不能只靠發酵箱的溼度控制，需要麵包師傅根據經驗來調整。

3. 麵筋的強度： 攪拌的程度、離缸時麵團的溫度、後續發酵翻麵的次數和發酵時間的長短，決定了麵筋的強度。每一款麵包對於麵筋強度的要求不同，但是當麵筋強度高於該麵包的要求時，麵筋拉力較強，烘烤出來的麵包體積會比較小；麵筋強度低於該麵包的要求時會橫向坍塌，麵包形狀比較扁，賣相欠佳；麵筋強度若再更低，麵團受熱時氣體膨脹，麵筋斷裂氣體往上層逸出麵筋，因地心引力，一層一層往底部堆疊。如果上表皮和內部的澱粉尚未固化，就會像火山爆發般由上方或側面（特別是底部）脆弱的地方衝出，形成爆裂口；如果上表皮已經固化，氣體無法自頂部溢出，烤出來的麵包底部氣孔會很緊密，變成底部很厚，上端則分布大型氣孔。

▲ 大氣孔的拖鞋麵包

4. 麵團的水量：每一款麵粉的飽和吸水量都不相同，即使產地、品種都相同的麵粉，也會受到季節影響或環境變遷而有不同的飽和吸水量，此外，破損澱粉的比例也會改變吸水量。每一批麵粉出廠時都會有建議的水量可以參考，當我們使用一種麵粉，或是混合兩種以上的麵粉，如果使用的水量超過建議水量，便需要增加翻麵的次數使麵筋增強，但是與正常水量的麵團相比還是會比較扁，烘烤時必須提高底火的溫度，使麵團迅速膨脹，衝出麵團的高度，並迅速固化麵筋及澱粉。不過麵筋的強度只要能包覆住氣體就可以形成氣孔，而且高水量的麵筋較為柔軟，組織的氣孔可以更大、更均勻，很多師傅喜歡做高水量的法國棍子或是義大利拖鞋麵包，就是利用這個特性。

麵筋和澱粉是形成麵包氣孔壁的主要元素，水量多則麵筋和澱粉固化的時間會相對延長，我們可以使用高溫使氣體在麵筋和澱粉固化之前達到我們期望的大小，例如把上下火提高到 250°C 以上烤法國棍

▲ 口袋麵包底火通常高達170℃以上，3至5分鐘就出爐

子，把下火升到 270°C 以上烤口袋麵包，但為避免底部產生焦糖化變得太黑，可以在進爐噴完蒸汽之後立刻調降溫度，便可維持底部的顏色。所以高水量的麵團只要麵筋有足夠的強度，就可以利用爐溫來達到烘焙彈性和氣孔組織的目標。

5. 麵粉的種類：我們常用的是小麥磨的麵粉，但是小麥種類很多，每種麥子的麵筋狀況都不同，例如裸麥屬於低麩質，很難形成麵筋，水量高或溫度高時非常黏手，必須沾水才能操作；氣體在麵團裡僅能靠微弱的內聚力包覆，受熱膨脹時很容易斷裂溢出表面，造成麵團坍塌，烘烤時間如果不夠，內部溼黏，形狀太扁，口感和賣相都不好。因此可以利用連續高溫，使氣體膨脹到最大時，澱粉也正好固化。時間如果拿捏得好，即使麩質很低或是沒有麩質的麵團，一樣可以膨脹，達到預定體積之後，就降低溫度避免焦糖化、延長烘烤的時間使內部不會溼黏，就可以出爐了。

◀ 100% 裸麥麵包，裸麥玫瑰

▶ 表面塗蛋液的克林姆
麵包

6. 表面的裝飾：表面如果塗有蛋液，上火不宜太高，不要噴蒸汽才能維持表面光亮。表面如果有穀物，建議先泡過水或啤酒，可以避免穀物吸收麵團表面的水分，同時延長穀物產生焦糖化的時間。表面如果有果乾，必須先泡過水或紅酒或是上方先覆蓋烤焙紙，避免果乾焦化。

7. 表面的割痕：入爐前用很薄的刀片劃開麵團表面，除了美觀，更重要的是可以讓過多的氣體從該處溢出，以免往麵團最脆弱的地方亂爆。而以薄刀片劃開麵團表皮有幾種方式：

（1）**單側割痕**：從單側割開，表皮像扇葉般朝另外一邊翻開。

（2）**中間割痕**：由中間割開，表皮會往兩側裂。

◀ 單側割痕

▼ 中間割痕

（3）**前後對稱：**運用在法國棍子麵包的割痕，使用雙面刀片，水平握刀，挑開表皮。

（4）**四方對稱：**如農夫麵包。

▼法國棍子麵包

（5）**長籐籃：**如多穀物麵包。

▲ 前後對稱

▲ 長籐籃多穀物麵包

▲ 四方對稱，農夫麵包

麵包　　109

8. 表面上色：除了表皮刷蛋液或是加蓋，大部分麵團在進爐後會噴上長短時間不同的蒸汽，讓水珠汽化時吸收許多熱量，延緩表面升溫的速度，使麵團有足夠時間進行梅納反應。否則表面溫度太快跨越梅納反應的區間，直接抵達焦糖化的高溫，會使表皮焦黑粗糙。

麵包出爐後，先放到架子上冷卻至室溫再加以包裝。製作麵包的過程，很難說哪一個階段最重要，因為每個階段的疏忽都可能危及品質，因此工作人員對於麵團的態度非常重要。社區麵包店的人手不需要多，態度決定一切！

▶ 梅納反應表面正常上色

▲ 梅納反應在不同溫度和烘烤時間，不同的上色程度

Chapter 2

應用

大氣孔的麵包 ———

06 以水合法製作 土耳其口袋麵包

重點

- **組織** | 大型中空氣孔，表皮柔軟。
- **用途** | 三餐通用，包裹食物。
- **麵粉** | 高、低筋搭配或是 T65 / T55。
- **老麵** | 酸種商業酵母或是小麥酸種以液種形式使用。
- **發酵** | 低溫長時間隔夜發酵法，水合法。如果無法購買到酸種商業酵母，可以暫時用一般商業酵母代替。

一 | 關於口袋麵包（Pita）

口袋麵包又稱口袋餅，pita 在希臘文可以直接翻譯成扁平（flat）[1]。它的名稱由外形而來，中間是空的，上下有兩層薄薄的麵皮，販賣時通常會把它壓扁，中間的夾層可以填入

1　https://www.hashems.com/blog/all_about_pita_bread。

口袋麵包
發酵流程

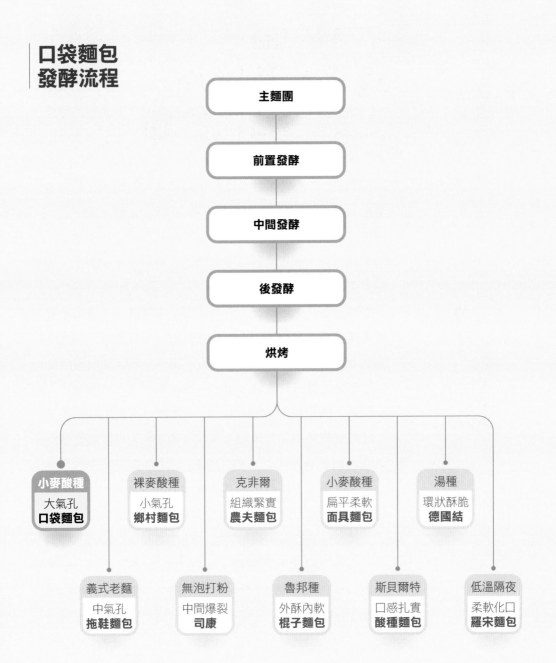

主麵團

前置發酵

中間發酵

後發酵

烘烤

小麥酸種
大氣孔
口袋麵包

裸麥酸種
小氣孔
鄉村麵包

克非爾
組織緊實
農夫麵包

小麥酸種
扁平柔軟
面具麵包

湯種
環狀酥脆
德國結

義式老麵
中氣孔
拖鞋麵包

無泡打粉
中間爆裂
司康

魯邦種
外酥內軟
棍子麵包

斯貝爾特
口感扎實
酸種麵包

低溫隔夜
柔軟化口
羅宋麵包

餡料。關於口袋麵包最早的文字記載，出現在二世紀到五世紀之間的巴比倫文獻《巴比倫塔木德》（*Babylonian Talmud*），但考古學家的證據顯示可以追溯到 14,000 年前[2]。口袋麵包源於地中海、中東附近，流傳的時間很長，分布的地域也很廣，涵蓋了地中海、中東、印度到北非，因此它有很多不同的名字： Arabic bread (Arabic: khubz Arabi), Syrian bread, Greek pita 等等。它的吃法很多也很有趣，有的對切成 8 等份當作湯匙，有的當 pizza 的底，有的當三明治[3]，幾乎適用於早、中、晚所有餐點。劃開後放入餡料即可食用，搭配濃湯、飲料都很適合，即使餡料是咖哩等溼性材料也不會漏出，簡單而實用。

口袋麵包之所以能夠膨脹到中間是空的，**主要的原因是烤焙的溫度達到 250°C 以上**。我店裡烤焙口袋麵包的溫度達到 270°C，在這麼高的溫度之下，第一，麵團裡在發酵過程中產生的氣體迅速膨脹，第二，麵團裡的自由水快速汽化成水蒸氣，體積膨脹 1700 倍。當兩者同時進行的時候，下火直接接觸下表皮，氣體和水蒸氣快速膨脹，迫使麵筋斷裂，氣泡不斷結合在一起，最後形成大氣泡使上下表皮分開；上火高溫使上表皮固化，氣體無法自上方溢出，包覆在麵團當中。為了避免上表皮焦糖化造成破裂，入爐時會噴大量蒸汽，同時以高溫縮短烤焙時間，烤焙時間只有 3 到 5 分鐘。

根據這樣的思考邏輯，麵粉的筋性不用太強，也就是說蛋白質含量不必太高，一般常用的中筋麵粉或是歐洲的

2　https://en.wikipedia.org/wiki/Pita。
3　https://www.thespruceeats.com/fun-ways-to-eat-pita-bread-2356057。

T55、T65，蛋白質含量在 11% 至 12% 左右都可以。手邊的麵粉蛋白質含量越高，攪拌時間就愈短，不要打到很亮，可以靠翻麵來控制麵筋的強度。

此外麵團的水量建議高於麵粉的飽和吸水量。一般配方的水量設計在 75% 上下，因為我們會利用高出來的水量，在入爐時汽化形成蒸汽，讓麵團迅速膨脹，達到「口袋」的目的。

先民沒有現代化的電烤箱，在土耳其有一種烤爐，形狀像甕，可以把麵團貼在壁上做出我們期望的麵包。從新疆、印度、中東到地中海，很多扁平麵包（例如 naan）都是用這種叫做 Tandoor 的爐子烤的，現在還有很多餐廳使用，讀者可以在網路上用 "pita naan Tandoor" 搜尋到很多相關的文章和實際操作的影片。

二｜口袋麵包的配方設計

不論哪種麵包，設計配方時首先要思考以下幾個問題：

1. 麵粉和水的實質比例。

2. 老麵的麵粉和主麵團麵粉的比例。

3. 老麵是液種的形式或是硬種的形式。

4. 選擇哪一種麵粉。

口袋麵包需要較多的自由水，因此粉水比例不宜太低，大約設定在 70%-75%，不需要有太多的麵粉預發酵，所以老麵的比例大約為 5%-10%。

小麥酸種（液種）配方		
材料	基本量	材料重量
T65 / T55	3.00	29.09
水	3.00	29.09
酸種商業酵母	0.006	0.058
合計	6.01	58.23

說明：

1. 酸種商業酵母可以用本表粉量基本量5%的起種代替。

2. 攪拌均勻，靜置於室溫12-14小時，pH值在4.2-5.2之間。

3. 數值計算四捨五入會有一些小誤差，可忽略不計直接取整數。

口袋麵包配方

基本量		材料重量	烘焙比例	
水合				鹽比例
T65 / T55	27.00	261.78		
水	29.00	281.17		2.05%
小計	56.00	542.94		
主麵團				水粉比例
小麥酸種	6.01	58.23	42.90%	72.73%
T65/T55	14.00	135.74	100.00%	倍數
鹽	0.90	8.73	6.43%	9.7
酵母	0.20	1.94	1.43%	酵母比例
橄欖油	0.25	2.42	1.79%	0.45%
水合材料	56.00	542.94	400.00%	橄欖油比例
合計	77.36	750.00	552.54%	0.57%

產品名稱	單位重量	生產數量	產品總重量	
口袋麵包	75.00	10.00	750.00	

說明:
1. 倍數＝產品重量合計／基本麵團重量。
2. 材料重量＝基本量 × 倍數。
3. 水粉比例＝含老麵在內的總水量／含老麵在內的總粉量 ×100%。
4. T55/T65 可以混合高、低筋麵粉 7：3代替。
5. 數值計算四捨五入會有一些小誤差,可忽略不計直接取整數。

口袋麵包配方表

麵包店會隨著訂單、天氣、溫度、節慶等因素每天調整產品數量，麵包師傅要耗費很多時間計算材料配方，因此在早期電腦不是很發達的時候，烘焙比例扮演很重要的角色。當天要生產的總數量乘以烘焙比例，很快就可以得到需要的材料配方。然而烘焙比例對於調整配方比例的時候相對比較複雜，例如因為調整麵粉種類而需調整水粉比例時，需要把老麵的麵粉和水一起算進來，所以本書中以一個基本配方當基準，用試算表設定好公式，直接把需求量和基本量的合計值相除得到一個倍數，所有的材料乘以倍數就可以得到需要的材料表。再將這些公式直接設定在表格內，日後只要輸入希望完成的數量就會自動算出所需的材料。如果要修改水粉比例，只需要調整水粉比例的公式即可，讀者可以掃描QRcode，下載已經設定好公式的 Excel 配方表。

Q 如果沒有酸種商業酵母，可以用一般酵母代替嗎？

A 可以，不過會缺少酸種的風味，但可以練習麵包製作的過程。

Q 本書配方中的水粉比例
和倍數有什麼用處？

A **1. 水粉比例：**我們在設計配方時會先決定水占全部麵粉的百分比，例如麵粉 100 公克，水 75 公克，水粉比例就是 75%，但計算烘焙比例的時候，是將麵粉重量設為 100%，並沒有計算到老麵的麵粉和水，所以配方裡的水粉比例是把老麵的麵粉和水都加進來。以這個配方為例，主麵團的麵粉基本量是 14 公克，酸種老麵種的麵粉是 3 公克，水合材料中的麵粉量是 27 公克，合計 44 公克；水合材料的水量是 29 公克，老麵中的水量是 3 公克，合計 32 公克。32 公克 /44 公克大約是 72.73%，這種做法可以讓我們了解配方中真正的水粉比例，不會誤判。

2. 倍數：我們每天生產麵包的數量不一定相同，為了節省計算時間，我們在 Excel 表格中設好公式，將生產數量輸入電腦後，電腦會計算出麵團的需求總重量，除以基本量的總重量就是倍數。在 Excel 表格中設好公式，所有的材料自動乘以倍數，就可以很快計算出材料需求。

三、操作方式：

1. 備料與攪拌：

- 提前一天準備好液種。
- 水合：將麵粉和冰水攪拌均勻，放入 5℃ 冰箱，直到麵團中心溫度為 5℃，或是直接冷藏隔夜 12 小時。
- 攪拌：除了鹽和橄欖油以外，其他所有材料放入攪拌缸中以慢速攪拌，成團之後放入鹽。麵團表面呈現光澤時放入橄欖油，不要攪拌到完全拓展即可起缸，避免麵筋強度過高，導致操作時回縮。起缸時溫度控制在 22℃ 左右。

2. 製作過程：

- 前置發酵：攪拌完成後置於室溫（25℃-28℃）下，每隔 20 分鐘翻麵一次，共翻麵 2 次。第二次翻麵之後再放置 20 分鐘，即可分割。
- 分割：分割成每個 60 公克的麵團，滾圓。
- 中間發酵：置於室溫 20 分鐘，然後放入冰箱隔夜冷藏 12 小時。
- 整形：第二天上午取出後，不用回溫，立刻將麵團擀成圓形。
- 後發酵：靜置10-20分鐘，視環境溫度自行調整時間，但要注意環境溼度，如果過於乾燥，表面需要覆蓋布或保鮮膜。

▲口袋麵包材料,左起:
　水、老麵、酵母、鹽、
　麵粉

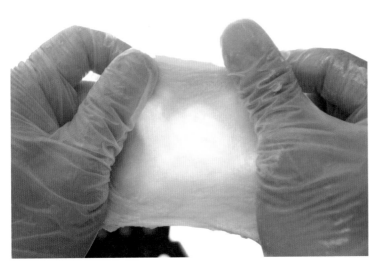

◀攪拌完成時的薄膜狀態

大氣孔的麵包 —— 以水合法製作土耳其口袋麵包

▲ 自冰箱取出後，表面撒粉

▲ 擀成圓形扁平

▲ 放到入爐架上

▲ 烤箱中

- 入爐：烤箱溫度上火 220℃，下火 250℃，噴蒸汽 6
  秒，第一段 3-5 分鐘，再看情況 2 分鐘後，目測麵團
  膨脹，表面呈現斑斑花紋時即可出爐，合計 5-7 分鐘。

▲出爐

Q 配方可以加入裸麥
或是小麥全麥粉嗎？

A 可以。加入裸麥、小麥全麥粉或是斯貝爾特小麥粉風味會更好、層次更加豐富，但比例不要太高，尤其是裸麥粉，比例過高會造成麵團很黏，麵筋無法形成，容易破裂塌陷。建議加入比例在 5%-10% 範圍內的其他麵粉，即可增加風味又不會影響麵團的特性。

Q 其他麵團
也可以用來做口袋麵包嗎？

A 口袋麵包的關鍵因素為麵筋和水量，只要形成的麵筋不是很強、水量大於飽和吸水量，符合這兩項條件的麵團，即使含有奶油、蔗糖，都可以用來製作口袋麵包。但是要注意用途，假設用在午、晚餐當作主食，甜麵團就不太適合。

Q 底火和上火
為什麼差距這麼大？

A 大氣孔麵包需要瞬間的爆發力使氣體迅速膨脹、水分子迅速汽化，卻又不希望底部焦化，變黑、變苦，所以我們會選擇底火溫度高，縮短烤焙時間，但上火不宜太高，以免壁面上表皮的澱粉太快固化裂開，或是變黑焦化，所以我們會使用較低的溫度，並且在入爐時噴大量水汽，延長上表皮固化的時間。

光靠口袋麵包就具備開一家社區型餐廳的條件了，例如
加入全麥、裸麥麵粉，搭配不同餡料，可以有很多種變化。
再調整成適合東方人的口味，就能做出健康自然的產品，建
立社群基礎。

▲口袋麵包抹馬斯卡彭新鮮乳酪加核桃醬，甜點口味

▲口袋麵包夾牛肉餡加鷹嘴豆泥

▲口袋麵包夾生菜沙拉

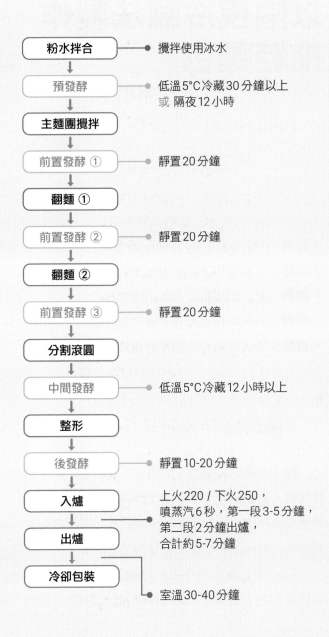

粉水拌合 ● 攪拌使用冰水

預發酵 ● 低溫5°C冷藏30分鐘以上
或 隔夜12小時

主麵團攪拌

前置發酵 ① ● 靜置20分鐘

翻麵 ①

前置發酵 ② ● 靜置20分鐘

翻麵 ②

前置發酵 ③ ● 靜置20分鐘

分割滾圓

中間發酵 ● 低溫5°C冷藏12小時以上

整形

後發酵 ● 靜置10-20分鐘

入爐 上火220 / 下火250，
噴蒸汽6秒，第一段3-5分鐘，
第二段2分鐘出爐，
出爐 合計約5-7分鐘

冷卻包裝

● 室溫30-40分鐘

07

中氣孔的麵包 ———

以隔夜冷藏法製作
拖鞋麵包

- **組織** │ 中型氣孔不均勻分布，表皮薄，柔軟或是酥脆均可。
- **用途** │ 三餐適用，可當主食亦可用來包夾食物。
- **麵粉** │ 高、低筋搭配或是 T65/T55。
- **老麵** │ 商業酵母或是義式老麵以硬種形式使用。
- **發酵** │ 低溫長時間主麵團隔夜發酵法。

一、關於拖鞋麵包

　　在《火頭工說麵包、做麵包、吃麵包》書中也曾介紹拖鞋麵包，本書再度製作這款麵包的原因是：1.配方由液種老麵改成硬種，2.製作程序改成低溫長時間發酵法，3.希望藉由這個產品說明氣孔和麵筋強度的關聯。

　　1982 年在義大利逐漸風行起法國棍子麵包，已經危及傳統麵包店的生意。因此在靠近威尼斯的小鎮上，有位磨

拖鞋麵包
發酵流程

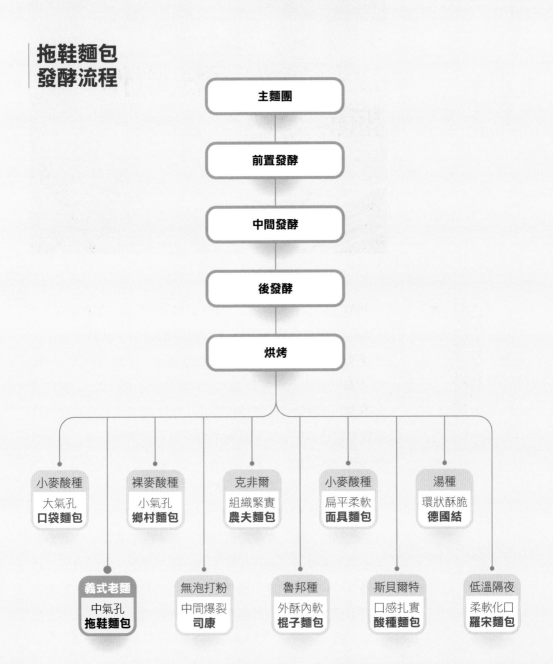

主麵團

前置發酵

中間發酵

後發酵

烘烤

小麥酸種
大氣孔
口袋麵包

裸麥酸種
小氣孔
鄉村麵包

克非爾
組織緊實
農夫麵包

小麥酸種
扁平柔軟
面具麵包

湯種
環狀酥脆
德國結

義式老麵
中氣孔
拖鞋麵包

無泡打粉
中間爆裂
司康

魯邦種
外酥內軟
棍子麵包

斯貝爾特
口感扎實
酸種麵包

低溫隔夜
柔軟化口
羅宋麵包

坊主人兼麵包師傅 Arnaldo Cavallari 製作出一款氣孔適中、口感柔軟，可以用來製作三明治的麵包，因為形狀像一隻拖鞋，因而被稱為「拖鞋麵包」（英文 Slipper，Ciabatta 是義大利文）。顯然這個策略很成功，如今義大利的拖鞋麵包已經聞名全世界，足以和法國的棍子麵包抗衡，在麵包的領域裡占有一席之地[1]。

　　阿段烘焙生產拖鞋麵包超過十年以上，現在已經成為阿段烘焙最受歡迎的產品。回首幾年前開始製作拖鞋麵包那段瘋狂的過程，自己都覺得很好笑，那時買了一架 80-200 倍自動變焦的顯微鏡，每天記錄水溫、麵粉溫度、攪拌時間，以及攪拌完成時的溫度；麵包出爐後迫不及待切開來，放到顯微鏡下面，測量表皮的厚度、薄膜的厚度、氣孔的大小。我

1　https://www.her.ie/life/food-for-thought-a-short-history-of-ciabatta-146594。

的妻子、也是我的老闆阿段經常笑我是神經病，如此日復一日，終於把拖鞋麵包從扁扁的形狀做到肥肥胖胖、頭好壯壯。

因為拖鞋麵包的含水量很高，操作起來有一定的難度，為了保持成品外觀的一致性，我會把多餘的邊切下來，烤得脆脆的秤重賣。結果數量有限的「拖鞋邊」也變成暢銷產品，意外的供不應求，我常開玩笑說是「豬沒肥，狗倒肥了」。

拖鞋麵包的特性：皮薄柔軟或酥脆、麵團柔軟、中型氣孔不均勻分布。拖鞋麵包的功用之一是製作三明治，口感上必須有棍子麵包的特性：皮薄酥脆，內部柔軟。所以拖鞋麵包也有中型氣孔均勻分布在麵團裡，我猜測 Chef Arnaldo Cavallari 在設計這款麵包時，應該有和法國棍子麵包一較長短的想法，所以產品除了要有棍子麵包的特色之外，如果可以兼具漢堡的功能會更好，因此方形的設計會是最理想的。水平橫切就是漢堡，垂直縱切就是棍子，既能直接沾醬，也可以包覆食物形成類似三明治的產品，又可以上餐桌成為主食。

拖鞋麵包很快風靡全世界，加上「拖鞋」這個名字很特別又很好記，加強宣傳的力度。就像台灣的美麗離島「蘭嶼」，聽名字就可以聯想到島上盛產的眾多蘭花。

麵包產生中型氣孔的條件必須是內部組織健全，麵筋產生的拉力和氣體膨脹力達到一個平衡點，氣體可以膨脹到一定的大小，又不會使包覆氣體的胞膜破裂，自然可以分布在組織內部。這種特性出現在義大利的拖鞋麵包和法國的棍子麵包，但如何產生這樣的特性呢？

1. 水量要高於麵粉的飽和吸水量：一般會設計在 70%-85% 之間，水分過低，麵團緊實，便無法順利膨脹。

2. 麵粉的筋性不能太高：也就是蛋白質含量會選擇在 10%-12% 之間。如果使用蛋白質含量 12% 以上的高筋麵粉，就要搭配 30% 的低筋麵粉，將蛋白質含量降到 11%-12% 左右；或是直接購買蛋白質含量在 11%-12% 的麵粉。許多歐洲麵粉研磨後的蛋白質含量都設計在這個範圍內，原因有二：第一，麥子直接研磨出來就落在這個範圍，生產成本最低；第二是市場需求量最大。研磨是解構和再結構的概念，蛋白質含量的落點往往會根據市場需求來調配。

3. 適度攪拌：控制麵筋的形成。同時離缸溫度降到 22°C 以下，避免形成太多的麵筋，使拉力大於張力，氣孔無法擴大。如果不小心攪拌過頭，可以減少翻麵的次數，或是縮短中間發酵的時間。

4. 低溫隔夜發酵：延長麵團水和的時間，同時將麵團的發酵時間和工作人員的作息時間調成一致。

中氣孔的麵包 ──── 以隔夜冷藏法製作拖鞋麵包　　　135

二│拖鞋麵包的配方設計

在《火頭工說麵包、做麵包、吃麵包》書中是用義大利液種製作拖鞋麵包，當天攪拌、當天入爐。從攪拌到完成大約 5 個小時，如果員工 8 點上班，很難在上午出爐。

本章使用硬種，以低溫長時間發酵的方式製作，可以前一天下午進入冷藏低溫發酵，第二天上午取出，進行後發酵、分割、整形、烘烤，工作人員有正常的作息，設備能夠充分運用、產品口感更好，很值得推廣。

拖鞋麵包的水量很高，配方裡水粉比是 71.77%，還沒有把橄欖油算進去，所以事實上會更高。

小麥硬種配方		
材料	基本量	材料重量
高筋麵粉	27.20	651.89
水	13.60	325.85
一般商業酵母	0.07	1.68
合計	40.87	979.22

說明：
1. 商業酵母可以用本表粉量基本量5%的起種代替。
2. 攪拌均勻，靜置於室溫2小時後，放入5℃冰箱隔夜冷藏12小時。
3. 配方可改為液種，請參考《火頭工說麵包、做麵包、吃麵包》頁193。
4. 數值計算四捨五入會有一些小誤差，可直接取整數。

拖鞋麵包配方

基本麵團		材料重量	烘焙比例	
高粉	63.47	1520.69	81.64%	鹽比例
低粉	14.27	341.90	18.36%	1.71%
酵母	0.20	4.79	0.26%	水粉比例
鹽	1.80	43.13	2.32%	71.77%
小麥硬種	40.87	979.22	52.57%	倍數
水	61.73	1479.01	79.41%	23.96
橄欖油	7.00	167.71	9.00%	酵母比例
橄欖	11.00	263.55	14.15%	0.19%
總重	200.34	4800.00	257.71%	
產品名稱	**單位重量**	**生產數量**	**產品總重量**	
拖鞋麵包	200.00	24.00	4800.00	

說明：
1. 倍數＝產品重量合計／基本麵團重量。
2. 材料重量＝基本麵團材料重量 × 倍數。
3. 水粉比例＝含老麵在內的總水量／含老麵在內的總粉量 × 100%。
4. 數值計算四捨五入會有一些小誤差，可忽略不計直接取整數。

拖鞋麵包配方表

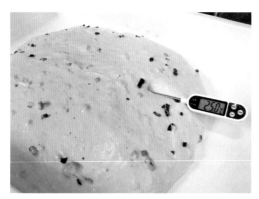

▲ 在發酵籃裡進行發酵

▲ 傾倒到桌面上分割

▲ 拖鞋邊

| 製作關鍵 |

　　由於配方的含水量很高，我們會將麵團放在一個長方形的發酵籃裡，發酵完成後再傾倒在桌面上進行切割，而不是一個個切出來秤重量，因此形狀和重量多少會有一些差異。我們會切除面積較大或是形狀不規則的拖鞋麵包邊，再烤乾成酥酥脆脆的口感，包成一袋袋秤重銷售，很受客人歡迎。

　　硬種和液種的換算方法是以粉量為基準，例如 150 公克的硬種裡面 100 公克是粉，50 公克是水，粉水比是 2:1。如果要換算成液種，粉水比是 1:1，粉量固定 100 公克，水量也是 100 公克，因此會多出 50 公克，把主麵團的水量減掉 50 公克就可以了。

　　相反的，如果要把液種換算成硬種，例如 200 公克的液種，粉水比是 1:1，也就是說，粉和水各 100 公克。換算成硬種，粉水比是 2:1，粉量不變，只需要 50 公克的水，那麼將配方中的水量增加 50 公克就可以了。

三｜操作方式

1. 備料與攪拌：

- 提前一天準備好小麥硬種。

- 攪拌：先將硬種撕成小塊放
入水中，再將麵粉、酵母、
硬種和水放入攪拌缸中，慢
速攪拌成團時加入鹽，再以
慢速將鹽打散後轉中速。麵
團表面光滑時即可加入橄欖
油，接下來以中速攪拌，麵
團形成薄膜時即可起缸，起
缸溫度不要高於 22°C（依照
環境溫度，可先將部分的總
水量換成冰塊）。不要攪拌
到形成太多麵筋，以免操作
時回縮。

▲ 材料

▲ 視窗呈現透明即可，不要打到太過

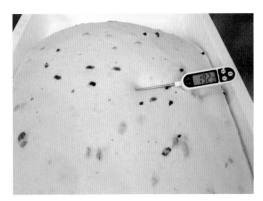

▲ 攪拌完成溫度控制在22°C以下

2. 製作過程：

- 前置發酵：攪拌完成後置於室溫（25°C-28°C）下，每隔 20-30 分鐘翻麵一次，共翻麵 2 次。第二次翻麵之後靜置 2-3 小時，待麵團膨脹到 1.5 倍時放入 5°C 冰箱隔夜冷藏 12 小時（亦可直接進行分割）。

- 分割：麵團自冰箱取出後，放置室溫 2-3 小時，回復常溫。麵團攤平在工作台上，表面撒少許麵粉，寬邊分成 6 等分，短邊分成 4 等分，切出 24 個長方形的麵團。

- 後分酵：切好的麵團放置在發酵布上，蓋上布，靜置 15-20 分鐘。

- 入爐：烤箱預熱上火 170°C，下火 250°C，噴蒸汽 6 秒，入爐後調降下火至 220°C，第一段 3 分鐘。噴蒸汽 3 秒，第二段 10 分鐘，再看情況將上火升到 190°C，3-5 分鐘後出爐，合計 16-18 分鐘（西方人習慣將表面烤到微焦，呈現龜裂狀；東方人則比較在意表面是否焦化，烘焙師傅可以依照自己的方式調整）。

▲ 翻麵

▲ 可以利用手邊的刮板作 量測工具，
　3個小的寬度等於2個大的寬度

▲ 先在麵團表面做出刻痕

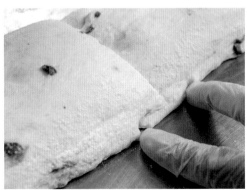

▲ 切割

Q **麵團切割後回縮該如何處理？**

A 麵筋過強才會導致麵團回縮，下次攪拌時自行調整。補救方法是將帆布覆
蓋在麵團上方，靜置約 20 分鐘（以 25℃ 為準，視環境溫度調整），再繼
續分割。

▲ 放在發酵布上

▲ 入爐

▲ 出爐

▲ 拖鞋麵包

　　拖鞋麵包和口袋麵包一樣可以做出很多種變化，例如變更材料，加入部分的小麥全麥粉或是裸麥；在德國也有人使用斯貝爾特小麥粉製作拖鞋麵包；有人加入薑黃粉，也是很健康的選擇。餡料不限於橄欖，可以用乳酪或其他在地農產品，做出獨特風格的拖鞋麵包。

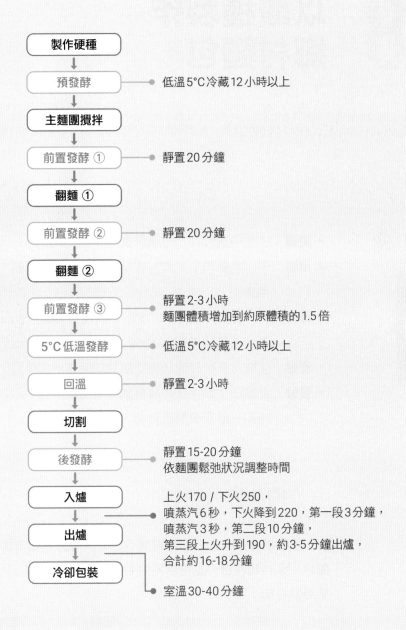

製作硬種

預發酵 ● 低溫5℃冷藏12小時以上

主麵團攪拌

前置發酵 ① ● 靜置20分鐘

翻麵 ①

前置發酵 ② ● 靜置20分鐘

翻麵 ②

前置發酵 ③ ● 靜置2-3小時
麵團體積增加到約原體積的1.5倍

5℃低溫發酵 ● 低溫5℃冷藏12小時以上

回溫 ● 靜置2-3小時

切割

後發酵 ● 靜置15-20分鐘
依麵團鬆弛狀況調整時間

入爐 ● 上火170 / 下火250，
噴蒸汽6秒，下火降到220，第一段3分鐘，
噴蒸汽3秒，第二段10分鐘，
出爐 第三段上火升到190，約3-5分鐘出爐，
合計約16-18分鐘

冷卻包裝

● 室溫30-40分鐘

08

以酸種製作
鄉村麵包

重點

- **組織**｜小型中空氣孔，組織緊實。
- **用途**｜午、晚餐作為主食，或是切片作為基底再鋪上其他食物。
- **麵粉**｜高、低筋搭配或T65/T55，小麥全麥麵粉、Type1370裸麥（其他編號如 1050 或 650 等都可以代用）。
- **老麵**｜酸種商業酵母或是裸麥酸種以液種形式使用。
- **發酵**｜老麵法。如果無法購買到酸種商業酵母，可以暫時用一般商業酵母代替。

一｜**關於鄉村麵包**

　　世界各地都有自己的鄉村麵包，有些地方直接叫做農夫麵包。鄉村麵包最早是提供給勞動階級做為主食，因此有以下幾個特色：

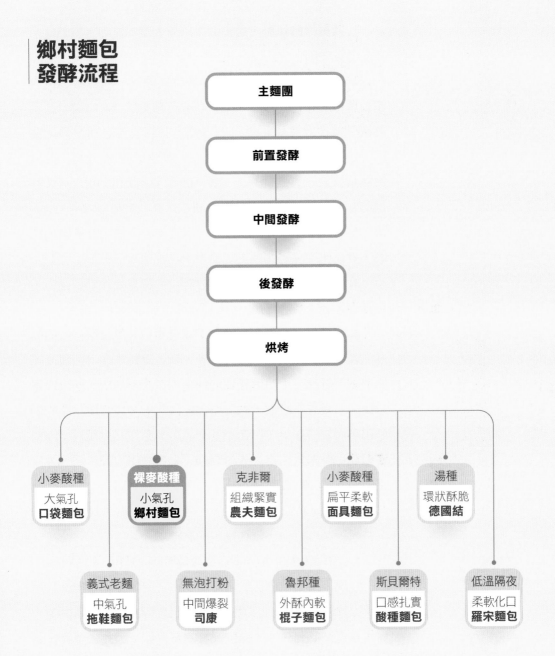

鄉村麵包
發酵流程

主麵團

前置發酵

中間發酵

後發酵

烘烤

小麥酸種	裸麥酸種	克非爾	小麥酸種	湯種
大氣孔	小氣孔	組織緊實	扁平柔軟	環狀酥脆
口袋麵包	**鄉村麵包**	**農夫麵包**	**面具麵包**	**德國結**

義式老麵
中氣孔
拖鞋麵包

無泡打粉
中間爆裂
司康

魯邦種
外酥內軟
棍子麵包

斯貝爾特
口感扎實
酸種麵包

低溫隔夜
柔軟化口
羅宋麵包

1. 扎實的飽足感：勞動階級需要大量的體力，填飽肚子才是最重要的。

2. 鹽量較高：因為勞動容易流失鹽分，鄉村麵包配方中，麵粉和鹽的比例大約是 1:0.02，相當於 2% 的鹽，甚至更高。這裡計算麵粉總量的方法，必須包含老麵裡頭的麵粉，例如配方當中麵粉 100 公克，液種老麵 30 公克。若以總粉量來看，它的計算方式是 100 公克再加上 30 公克液種裡的粉量 15 公克，總粉量是 115 公克。如果鹽量是 2%，那　配方的鹽量就是 2.3 公克。用這樣的方法去計算鹽的比例，會比使用烘焙比例更加精準。

3. 體積較大適合切片：鄉村麵包大都是長條形或圓形，重量小則 300、500 公克，大則 4 磅（約 2 公斤）重。

4. 容易取得的低成本食材：鄉村麵包多以當地生產的農產品製作，例如中歐地區用裸麥、斯貝爾特小麥；西藏高寒的地帶用青稞麥；緯度較低的地區則以小麥為主，一來取得方便，二來成本較低。歐洲中世紀時代大多以當地生產的麥種粗磨而成的麵粉（例如小麥全麥粉）製作鄉村麵包，因為精製麵粉會銷售給富人或是貴族，全麥麵粉比較粗糙，價格相對便宜，一般人都買得起。

鄉村麵包因為口感扎實，內部組織的氣孔會比較小、密度較大。製作這種小氣孔麵包的關鍵：

1. 在小麥麵粉中加入蛋白質含量較低的麵粉，例如裸麥。

2. 加入膳食纖維含量較高的麵粉，例如小麥全麥粉。

3. 水量低於 70%。但是水量太低，麵團會變得很硬，而水量太高氣孔較大，麵團又會過於鬆軟，因此很多鄉村麵包的水量設計在 60%-65% 之間，但不同種類麵粉吸水量也

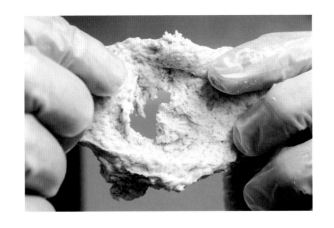

不同，麵包師傅會依照麵粉的特性再行調整。

4. 減少油脂含量。鄉村麵包很少用到奶油，有些鄉村麵包會加入橄欖油，但比例在 2% 左右，或是更低，不像大氣孔的拖鞋麵包，油量會達到 6% 以上。

5. 攪拌程度的拿捏很重要。麵筋形成過多，麵團內聚力過高，麵包會較硬。攪拌不足，麵包鬆散，口感沒有連續性；攪拌過度，麵團的膨脹力變差，麵包形狀較扁。攪拌程度很難用文字敘述，需要靠經驗累積，但是寧可攪拌不足也不要過度，因為攪拌不足還可以靠翻麵來補足，攪拌過度就不容易補救。所以**好的麵包師傅不是每天開發新產品，而是每一種產品每天都做得一樣好**。

6. 烘烤程度也很重要。鄉村麵包的體積和重量都比一般麵包大，最常出現的狀況是中心點還沒有烤熟，而表面已經焦化，不得不出爐。因此烘烤的溫度設計很重要，一般多以 200°C 長時間烘焙。 800 公克的麵團烘烤時間約 35 分鐘，2 公斤的麵團則在 1 小時左右。如果採用紅外線或是遠紅外線的烤爐，因為穿透力或分子共振的關係可以縮短烤焙時間，但很多師傅還是喜歡使用傳統烤爐。

二│鄉村麵包的配方設計

鄉村麵包配方				
基本麵團		**材料重量**	**烘焙比例**	
T65	91.00	364.00	90.10%	鹽比例
全麥粉	10.00	40.00	9.90%	1.79%
鹽	3.00	12.00	2.97%	水粉比例
乾酵母	0.32	1.28	0.32%	56.42%
隔夜麵種	133.05	532.20	131.73%	倍數
水	28.00	112.00	27.72%	4.00
綜合穀物	27.00	108.00	26.73%	酵母比例
果乾	13.00	52.00	12.87%	0.19%
黑麥啤酒	17.00	68.00	16.83%	
總重	322.37	1289.48	319.18%	
產品名稱	**單位重量**	**生產數量**	**產品總重量**	
鄉村麵包	322.37	4	1289.48	

說明：
1. 倍數＝產品重量合計／基本麵團重量。
2. 材料重量＝基本麵團材料重量 × 倍數。
3. 水粉比例＝含老麵在內的總水量／含老麵在內的總粉量 × 100%。
4. 綜合穀物可以由葵瓜子、燕麥片、南瓜子、亞麻籽、葵瓜子等自由組合。
5. 數值計算四捨五入會有一些小誤差，可忽略不計直接取整數。

鄉村麵包配方表

酸種老麵配方		
材料	基本量	材料重量
T65 / T55	25.50	102.00
水	25.50	102.00
酸種商業酵母	0.05	0.20
合計	51.05	204.20

說明：
1. 酸種商業酵母可以用本表粉量基本量5%的酸種起種代替。
2. 攪拌均勻，靜置於室溫12-14小時，pH值在4.2-4.8之間。
   之後再放入5°C冰箱隔夜冷藏12小時以上。
3. 數值計算四捨五入會有一些小誤差，可忽略不計直接取整數。

隔夜麵種配方		
材料	基本量	材料重量
酸種老麵	51.05	204.20
T65 / T55	28.00	112.00
粗裸麥粉	13.00	52.00
水	27.00	108.00
黑麥啤酒	14.00	56.00
合計	133.05	532.20

說明：
1. 數值計算四捨五入會有一些小誤差，可忽略不計直接取整數。

小氣孔的麵包 ── 以酸種製作鄉村麵包

　　這個鄉村麵包配方的水粉比例是56.42%，加入部分裸麥和全麥，符合歐洲傳統鄉村麵包的做法。但在不生產小麥或裸麥的地區，麵粉必須仰賴進口，成本會增加；再加上以米類為主食的區域，相對於被當作早餐或點心的加料軟麵包，鄉村麵包未必符合在地的飲食習慣，因此很難放上午餐和晚餐的餐桌，銷售量明顯較差。但隨著食安問題不斷發生，鄉村麵包單純而豐富，接受度不斷成長。

　　配方中的穀物餡料，內容物主要為亞麻籽、南瓜子、白芝麻、杏仁片、開心果、橘皮丁、核桃、蔓越莓、葵瓜子等，可以按照自己的喜好調整比例。由於富含穀物，因此又稱為「豐收鄉村麵包」。

　　麵粉選擇蛋白質含量大約在12%左右的小麥麵粉即可，也可以用高筋麵粉和低筋麵粉以7:3的比例搭配。

　　加入啤酒的目的是取啤酒花的風味，啤酒花在某些地區屬於管制品，不易取得，因此使用啤酒代替水和啤酒花，酒精大部分會在加溫的過程揮發掉，只保留啤酒花的風味。

三│操作方式

1. 備料與攪拌：

- 提前兩天準備酸種老麵，以酸度計測量 pH 值，若已達到所需酸度即可放入 5°C 冰箱隔夜冷藏。如果還不熟悉酸麵種可以用一般的液種代替，不用測量 pH 值。

- 製作隔夜麵種：將酸種老麵（或是一般液種）加水混合均勻，再加入麵粉、粗裸麥粉攪拌，最後加入黑麥啤酒，攪拌均勻後，放置室溫（25°C-28°C）下約 30 分鐘，攪拌一次後隨即放入 5°C 冰箱隔夜冷藏 12 小時以上。

- 穀物浸泡：綜合穀物及果乾加入啤酒拌勻，靜置一旁待穀物完全吸收水分，隨即放入 5°C 冰箱隔夜冷藏 12 小時以上。

- 攪拌：將老麵和水放入攪拌缸中，混合攪拌均勻後，加入麵粉、鹽，攪拌成團後加入酵母，待麵團可拉出薄膜時加入浸泡穀物，攪拌均勻即可起缸。

2. 製作過程：

- 前置發酵：攪拌完成後置於室溫下，每隔 20-30 分鐘翻麵一次，共翻麵 2 次。第二次翻麵之後再放置 20 分鐘即可分割（亦可放入 5°C 冰箱冷藏 12 小時以上，分割前取出回溫）。

- 分割：分割成每個約 320 公克的麵團，滾圓。

- 中間發酵：置於室溫約 20 分鐘，按壓麵團不會回彈即可。

▼材料
後排左起：老麵、全麥粉、麥芽、水
前排左起：酵母、鹽、裸麥粉、小麥麵粉

- 整形：整形成枕頭狀，表面噴水後放入裝滿穀物的盤子，讓麵團表面沾滿穀物，再放入長方形模具中。
- 後發酵：放入發酵箱約 30 分鐘，或置於室溫至麵團膨脹到模具 8-9 分滿。
- 入爐：表面切割直線紋路，烤箱預熱上火 230°C，下火 230°C，噴蒸汽 6 秒，第一段 5 分鐘。噴蒸汽 3 秒，第二段 10 分鐘，測量麵團中心點溫度需達到 96°C 以上，約 5-8 分鐘後出爐，合計 20-23 分鐘。

▶ 攪拌完成時的薄膜

▶ 入模

◀傳統造型的德國麵包

本章介紹的是屬於德國的鄉村麵包（Körnerbrötchen），如同德國人務實的特性，這款麵包簡單而豐富，不講究虛浮亮麗的外表，直指內涵。

德國麵包命名的方式比較複雜，對我們而言很陌生，查閱資料[1]後整理如下，感謝居住在德國的友人陳瑟真女士逐一檢視確認！

Brot：是麵包的集合名詞，但是習慣上指 500 公克以上的大麵包，有的重於 700 公克，甚至在 4 磅（2 公斤）以上。

Brotchen：chen 是「小」的意思，Brotchen 就是「小麵包」，和英文 Bun（小圓麵包）意思接近，但不限於白麵包。德國有裸麥和斯貝爾特小麥粉等。

Korn：就是指穀物，德國麵包使用許多穀物的種子，例如亞麻子、葵瓜子、南瓜子、燕麥片、芝麻等。使用這些穀物要注意它們的吸水性強，如果直接放入麵團會吸收大量的水，使麵包變得很硬，因此須調高麵團水量，或將穀物浸泡之後再使用。

Körnerbrötchen：各地使用的名稱不一，材料也不盡相同。我在很多年前曾做過，但當時的接受度不高，後來發現原來很多人喜歡。自然健康的產品，市場的需求量只會增加不會減少，這樣的趨勢會越來越明顯。頁 150 的 Körnerbrötchen 是我最近完成的，頁 155 則是我依照德國傳統造型製作的方塊形 Körnerbrötchen。

---

1 森本智子，《經典德式麵包大全》（*The Encyclopedia of German Bread*）。

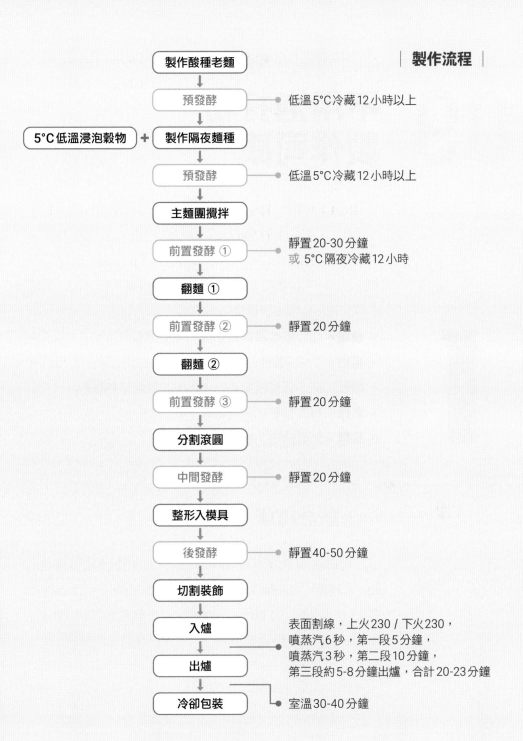

製作酸種老麵

預發酵 ● 低溫5℃冷藏12小時以上

5℃低溫浸泡穀物 ＋ **製作隔夜麵種**

預發酵 ● 低溫5℃冷藏12小時以上

主麵團攪拌

前置發酵 ① 靜置20-30分鐘
或 5℃隔夜冷藏12小時

翻麵 ①

前置發酵 ② ● 靜置20分鐘

翻麵 ②

前置發酵 ③ ● 靜置20分鐘

分割滾圓

中間發酵 ● 靜置20分鐘

整形入模具

後發酵 ● 靜置40-50分鐘

切割裝飾

入爐 表面割線，上火230／下火230，
噴蒸汽6秒，第一段5分鐘，
噴蒸汽3秒，第二段10分鐘，
出爐 第三段約5-8分鐘出爐，合計20-23分鐘

冷卻包裝 ● 室溫30-40分鐘

09

中間爆裂的麵包 ───

不用泡打粉
製作司康

重點

- **組織**｜介於麵包和餅乾之間，側面爆裂。
- **用途**｜下午茶點心。
- **麵粉**｜高、低筋搭配或是 T65/T55 搭配低筋麵粉。
- **老麵**｜無泡打粉，預發酵液。
- **發酵**｜預發酵法、粉油拌合法。

一｜關於司康

　　司康是英式下午茶的必備食物，介於餅乾和麵包之間，「司康」的名稱最早出現在 1513 年的《牛津英文字典》（*Oxford English Dictionary*, OED）[1]，但是泡打粉（Baking Powder）最早的紀錄是 1843 年[2]，所以我們猜測最原始的司

1　Scone-Wikipedia。
2　Baking Powder-Wikipedia。

司康
發酵流程

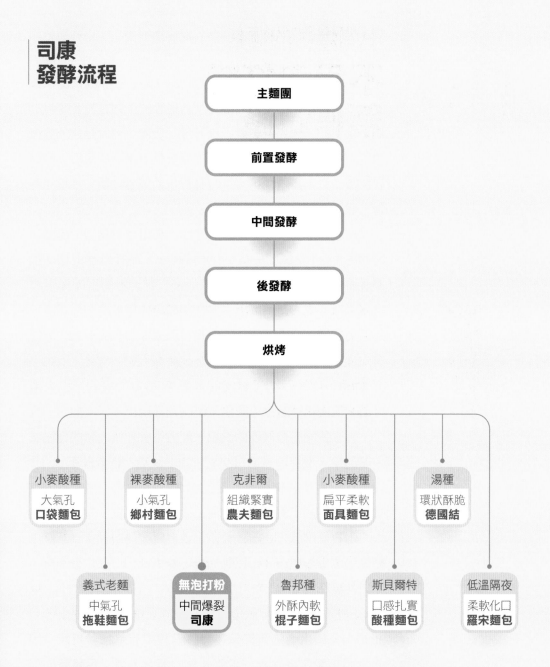

主麵團

前置發酵

中間發酵

後發酵

烘烤

小麥酸種	裸麥酸種	克非爾	小麥酸種	湯種
大氣孔	小氣孔	組織緊實	扁平柔軟	環狀酥脆
口袋麵包	**鄉村麵包**	**農夫麵包**	**面具麵包**	**德國結**

義式老麵	**無泡打粉**	魯邦種	斯貝爾特	低溫隔夜
中氣孔	中間爆裂	外酥內軟	口感扎實	柔軟化口
拖鞋麵包	**司康**	**棍子麵包**	**酸種麵包**	**羅宋麵包**

康是用酵母發酵，後來因為泡打粉使用簡單，所以逐漸取代酵母。

　　製作司康可以用酵母或泡打粉，使用泡打粉為化學發酵，使用酵母則為生物發酵。兩者最大的不同在於化學發酵是一次性的，使用過後就不會再進行發酵，可說是餅乾的概念；而生物發酵是生生不息的，只要賦予適合的環境，酵母族群數量會不斷增加，可以視為麵包的概念，製作過程和麵包一樣。

　　司康口感介於餅乾和麵包之間，食用時可在開口處塗抹奶油乳酪（Cream Cheese），非常美味，而且以英國德文郡凝乳鮮奶油（Devon Clotted Cream）與司康的搭配聞名於世。本章回歸最原始的做法，介紹如何使用酵母製作司康。

　　司康烘烤時會由腰部向側面裂開成開口笑的形狀，原因有二。第一，烘烤司康時會用上火高下火低的方式，例如上火230°C，下火160°C，溫度差會達到50°C左右。上火溫度高，表面迅速凝固，迫使氣體由側面衝出，形成開口。第二，為了使司康有餅乾的口感，配方中會加入大量的低筋或中筋麵粉，攪拌時有個口訣：「**油不溶解，粉不出筋。**」分段攪拌，盡量降低麵團的麵筋數量，使筋度不要太高，烘烤時氣體容易從側面衝出。而上火高、下火低，開口會更擴大。由於筋度低，連續性較差，會有餅乾的口感。為了避免麵團過乾影響口感，所以奶油量不能太低，口感才會滑潤，化口性更好。

　　由於司康含水量低，即使加上牛奶和蛋仍只有38.07%，低水量使得酵母在發酵過程中容易損兵折將，因此我們先製作發酵液，類似老麵的概念，屬於預發酵的程

序，目的在於擴增酵母族群的數量，同時使酵母先熟悉麵粉的環境。這個配方中的酵母量明顯高於標準值 0.2%，原因就在這裡。也許你會問：「為什麼不直接加更多的酵母，卻要培養發酵液？」這個問題和「為什麼要使用老麵，何不直接加多一點酵母」相同，發酵的過程不只有酵母進行發酵，還包括水合過程中需要完成的所有動作，增加酵母量只完成其中一部分的工作，並不是很好的解決方案。

司康的口感介於麵包和餅乾之間，我們在設計配方的時候會使用筋度較低的麵粉，或是在高筋麵粉裡加入低筋麵粉來降低蛋白質比例。此外，在攪拌時必須遵守「油不溶解，粉不出筋」的口訣，一旦麵團產生過多麵筋，口感會偏向麵包，失去餅乾的特性。

中間爆裂的麵包 —— 不用泡打粉製作司康

二│司康的配方設計

無泡打粉司康配方					
材料	基本量	材料重量	烘焙比例		
高筋麵粉	7.03	140.55	22.57%	鹽比例	奶油比例
低筋麵粉	24.12	482.23	77.43%	0.97%	26.03%
奶油	10.71	214.12	34.38%	水粉比例	糖比例
發酵液	20.10	401.86	64.53%	40.15%	11.06%
糖	4.55	90.97	14.61%	倍數	蛋比例
鹽	0.40	8.00	1.28%	19.99	20.95%
蛋	8.62	172.34	27.67%	酵母比例	
牛奶	1.50	29.99	4.82%	0.24%	
餡料	8.00	159.94	25.68%		
總重	85.03	1700.00	272.97%		

產品名稱	單位重量	生產數量	產品總重量		
司康(橘子丁)	85.00	20.00	1700.00		

說明:
1. 倍數＝產品重量合計／基本麵團重量。
2. 材料重量＝基本麵團材料重量 × 倍數。
3. 水粉比例＝含發酵液在內的總水量／含發酵液在內的總粉量 × 100%。
4. 鮮奶水量（扣除固形物）約為90%，蛋視為水量60%。
5. 數值計算四捨五入會有一些小誤差,可忽略不計直接取整數。

司 康 配 方 表

發酵液配方		
材料	基本量	材料重量
低筋麵粉	10.00	199.93
水	10.00	199.93
一般商業酵母	0.10	2.00
合計	20.10	401.86

說明：
1. 攪拌均勻，置於室溫下，隔30分鐘攪拌一次，共2次之後再靜置
   30分鐘。
2. 數值計算四捨五入會有一些小誤差，可忽略不計直接取整數。

三 | 操作方式

1. 備料與攪拌：

- 提前一天將麵粉、糖、鹽等乾性材料放入冰箱隔夜冷凍 12 小時。

- 製作發酵液：將麵粉、酵母和水放入盆中攪拌均，置於室溫（25°C-28°C）下，每隔 30 分鐘攪拌一次，共 2 次之後再靜置 30 分鐘。

- 全蛋打發至接近乾性材料。

- 攪拌（粉油拌合）：奶油自冰箱取出，回復至室溫柔軟的狀態（不可溶化）。攪拌缸中放入麵粉和奶油，攪拌至奶油粉碎，然後加入鹽、糖，攪拌均勻後再放入發酵液、打發的蛋、鮮奶，攪拌成團即可。最後放入餡料，攪拌均勻後立即起缸（需注意油不溶解，粉不出筋的口訣，不要攪拌過度，並且要控制溫度）。

◀ 發酵液

◀ 攪拌完成時的狀況

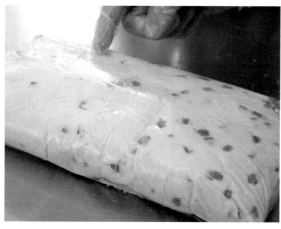

◀ 麵團完成放在展開
　的塑膠袋上

中間爆裂的麵包 ——— 不用泡打粉製作司康　　165

2. 製作過程：

- 前置發酵：將麵團用剪開攤平的大塑膠袋包起來，置於室溫（25°C-28°C）下，每隔20分鐘打開翻麵一次，共翻麵2次。第二次翻麵之後再放置20分鐘即可分割（亦可放入5°C冰箱冷藏12小時以上，待麵團膨脹約1.2-1.5倍。分割前取出回溫20-40分鐘）。

▲ 碾軋與模具

▲ 壓模

▲ 壓出後的麵團

▲ 刷蛋液

- 分割：麵團表面撒上些許麵粉，利用兩根支架作為支撐點，將麵團擀平成略具厚度的長方體。圓環型模具沾少許麵粉，將麵團壓成若干圓柱狀（壓模時手掌不可緊蓋模具，上方必須留有空隙讓空氣溢出，否則麵團受壓會變扁）。
- 後發酵：置於室溫 15-20 分鐘（環境溫度不可過高，以免麵團內的奶油融化，影響口感）。
- 入爐：麵團表面刷蛋液，烤箱預熱上火 230°C，下火 160°C，不噴蒸汽，第一段 12 分鐘，再看情況 3-5 分鐘後出爐，合計 15-17 分鐘。

▲ 司康成品

使用酵母自然發酵，而不用泡打粉化學發酵，是值得推廣的司康製作方法，甚至可以推廣到蛋糕、點心、餅乾的製作領域。司康是平民化的點心，一杯茶或是一盅可可奶、兩顆司康，不一定要在高雅的咖啡廳，平民百姓同樣可以享受美食。喜悅與財富並非正相關，社區麵包店可以扮演傳播快樂的角色，我一直很嚮往「舊時王謝堂前燕，飛入尋常百姓家」的境界，並且不斷地努力實踐它。

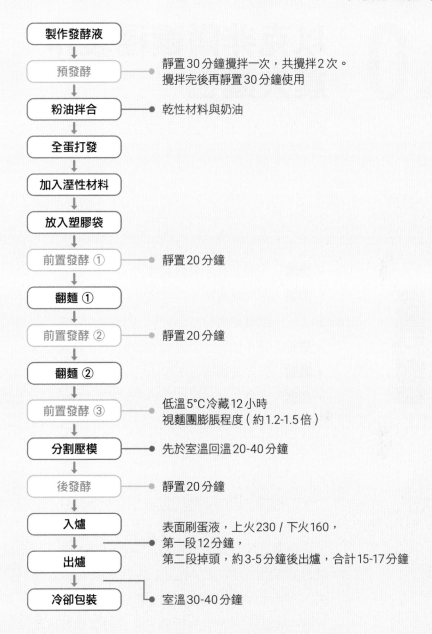

製作發酵液

預發酵 ━━● 靜置30分鐘攪拌一次，共攪拌2次。
攪拌完後再靜置30分鐘使用

粉油拌合 ━━● 乾性材料與奶油

全蛋打發

加入溼性材料

放入塑膠袋

前置發酵 ① ━━● 靜置20分鐘

翻麵 ①

前置發酵 ② ━━● 靜置20分鐘

翻麵 ②

前置發酵 ③ ━━● 低溫5°C冷藏12小時
視麵團膨脹程度（約1.2-1.5倍）

分割壓模 ━━● 先於室溫回溫20-40分鐘

後發酵 ━━● 靜置20分鐘

入爐 ━━● 表面刷蛋液，上火230 / 下火160，
第一段12分鐘，
第二段掉頭，約3-5分鐘後出爐，合計15-17分鐘

出爐

冷卻包裝 ━━● 室溫30-40分鐘

10

組織緊實的麵包 ——

以克非爾麵種製作農夫麵包

重點

- **組織**｜小型氣孔，組織緊實。
- **用途**｜午、晚餐為主，可做主食或是當作基底，切片鋪上其他食材。
- **麵粉**｜高、低筋搭配或是 T65/T55、全麥麵粉。
- **老麵**｜克非爾麵種。
- **發酵**｜老麵法。如果無法購買到克非爾菌種，可以暫時用一般商業酵母代替。

一 ｜ 關於農夫麵包

　　早期人類對於生命存在的條件了解有限，對於沒有空氣形式的生命體（Form of Life Without Air）是無法理解的，直到 1857 年路易士・巴斯德（Louis Pasteur）深入研究微生物系統，發現酵母菌、乳酸菌這類兼性（Facultative

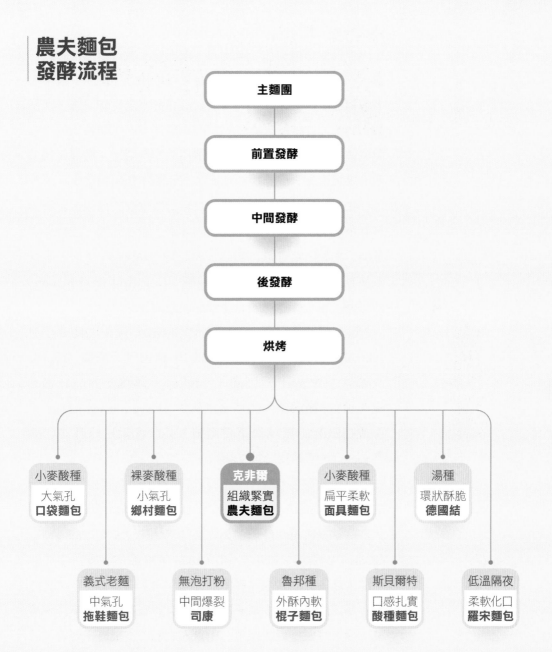

農夫麵包
發酵流程

```
主麵團
  │
前置發酵
  │
中間發酵
  │
後發酵
  │
烘烤
```

| 小麥酸種 大氣孔 **口袋麵包** | 裸麥酸種 小氣孔 **鄉村麵包** | **克非爾** 組織緊實 **農夫麵包** | 小麥酸種 扁平柔軟 **面具麵包** | 湯種 環狀酥脆 **德國結** |

| 義式老麵 中氣孔 **拖鞋麵包** | 無泡打粉 中間爆裂 **司康** | 魯邦種 外酥內軟 **棍子麵包** | 斯貝爾特 口感扎實 **酸種麵包** | 低溫隔夜 柔軟化口 **羅宋麵包** |

Organisms）細菌可以在沒有氧氣的環境下生存，執行發酵作用，釋放出酒精和二氧化碳，並取得能量繼續進行新陳代謝，維持生命的正常運作。這些具體的描述，揭開了幾千年來的麵包發酵謎團，人類終於知道發酵不是化學反應，而是微生物的運作。後來微生物技術不斷進步，人類將烘焙用的酵母菌大量培養成現代被廣泛運用的商業酵母，影響現代量產的烘焙產業，酵母菌順理成章成為製作麵包的主角。

在烘焙的領域，乳酸菌同樣也扮演重要的角色。乳酸菌含有可以消化乳糖（Lactose）的酵素，產生乳酸，並獲得能量進行繁殖，增加族群數量，同時降低麵團的 pH 值，也就是使麵團變酸，這就是乳酸發酵（Latic Acid Fermentation）的過程。而乳酸特殊的風味也形成酸麵包的特色。

乳酸的產生過程為葡萄糖（Glucose）會經由糖解作用（Glycolysis，大陸稱為「糖酵解」）轉化成丙酮酸（Pyruvic Acid），並釋放出一個氫離子（H^+），使酸度增加（pH 值下降）。由於糖解作用的非氧依賴性（Oxygen-independent），即使在缺氧的環境也不受影響，因此產生最終產物乳酸（Lactate）、酒精及二氧化碳。

現在乳酸菌相關食品已非常普遍，例如隨處可以買到的優格（Yogurt），成分標示常出現「克非爾」（Kefir），即代表這款優格是用酵母菌和乳酸菌混合的克非爾菌株（Kefir Grains）所製作。Kefir 一詞於 1884 年出現在俄羅斯高加索地區，之後散播到全世界。

有一個有趣的故事，據說早期克非爾是放在羊皮袋內培養，因為需要不斷地攪拌，所以人們把羊皮袋掛在門邊，每次有人進出就會擺動一次，自然就攪拌均勻了[1]。

克非爾在運作一段時間之後會把大部分的乳糖分解成乳酸、酒精和二氧化碳，所以乳糖的含量大幅降低。它含有酵母菌及乳酸菌，兩者並存時可以做出風味獨特的麵包。

市面上可以買到兩種規格的克非爾菌種，一種是混合乳酸菌和酵母菌，一般會直接標示為「克非爾」；另一種是單純的乳酸菌，通常銷售給個人用來製作優格。

我們製作麵包會採用第一種克非爾菌，若使用只有乳酸菌的克非爾菌，必須另外添加商業酵母或搭配起種來培養克非爾麵種。製作的方法和製作優格相同，因為乳酸菌在鮮奶中以分解乳糖取得能量進行繁殖，所以我們讓克非爾在牛奶中進行繁殖，增加其族群數量，再進入麵團發酵的程序。因此有人將克非爾製成的優格直接加入麵團，培養克非爾麵種，再進行主麵團的發酵，使麵團在酵母菌的環境下，同時具備乳酸的風味。

1　Kefir- Wikipedia。

二｜農夫麵包配方設計

　　傳說古代名廚易牙能夠分辨出涇河和渭水不同的味道，身為烘焙工作者，我要求自己在不斷在不同麵團之間找出差異，做出完美的組合。本章使用液種形式的克非爾麵種做出的鄉村農夫麵包，需要讀者親自動手做，才能分辨出不同老麵製作出來的麵包有什麼差異。一如古書上所說「易牙能辨二水之味」，做麵包是不斷精進的過程，如何在些微的變化之中分辨其差異性，是非常重要的基本訓練。

　　早期很少人使用克非爾製作農夫麵包，酸麵種大都來自穀物（例如裸麥）。近年來才有些師傅開始使用克非爾製作麵包，於是來自牛、羊乳的乳酸菌種製作別有風味的麵包風靡全世界，蔚為流行。這幾年也開始有人將製作康普茶的康普菌菇運用到麵包製作，現代科技結合古老工藝已經漸漸形成一股風潮。

　　本章配方設計的重點在於克非爾酸種老麵的製作。為配合乳酸菌來源的特性，選擇在鮮奶的環境培養並添加優格，對於麵包的風味更有加分的作用。

　　隨著科技進步，安全而穩定的菌種來源已經不是問題，在坊間的有機商店就可以買到克非爾或是優格菌種，因為內含大量乳酸菌，一般家庭用來自製優格。本章將克非爾搭配商業酵母或是起種來製作含有乳酸風味的老麵，用來攪拌主麵團，製作健康自然的麵包。

　　本章的配方分成三個部分：

　　1. 主麵團。

　　2. 克非爾麵種。

3. 啤酒浸泡麵種：先用啤酒浸泡穀物或麵粉。通常穀物在加入主麵團拌合前，會先浸泡在水中，並且冷藏，以提前進行水合作用。本章直接用啤酒代替水，麵包的保存狀態會更好，而且啤酒的酒精濃度不高，在高溫烘烤時大部分會揮發掉，卻能增添啤酒花的香氣。

　　許多歐式麵包的製作會使用啤酒花，然而啤酒花屬於釀酒的管制品，有些地區甚至需要有釀酒證照才能夠買賣，因此以啤酒代替水，也可達到啤酒花的效果。

農夫麵包配方

基本麵團		材料重量	烘焙比例	
T65	130.00	393.70	100.00%	鹽比例
鹽	6.00	18.17	4.62%	2.01%
商業酵母	1.20	3.63	0.92%	水粉比例
啤酒浸泡麵種	248.00	751.06	190.77%	58.19%
克非爾麵種	110.10	333.43	84.69%	倍數
總重	495.30	1500.00	381.00%	3.03
產品名稱	單位重量	生產數量	產品總重量	酵母比例
農夫麵包	500.00	3.00	1500.00	0.40%

說明：
1. 倍數＝產品重量合計／基本麵團重量。
2. 材料重量＝基本麵團材料重量 × 倍數。
3. 水粉比例＝含老麵在內的總水量／含老麵在內的總粉量 × 100%。
4. T65/T55 可以用高、低筋麵粉 7:3 代替。
5. 數值計算四捨五入會有一些小誤差，可忽略不計直接取整數。

農夫麵包配方表

克非爾麵種配方

材料	基本量	材料重量
T65 / T55	50.00	151.42
牛奶 / 羊奶	50.00	151.42
優格	14.00	30.28
克非爾菌	0.10	0.30
合計	110.10	333.43

說明：

1. 攪拌均勻，靜置於室溫2小時，中間攪拌2次，然後隔夜冷藏12小時以上，pH值在5.0-6.0之間。
2. 數值計算四捨五入會有一些小誤差，可忽略不計直接取整數。

啤酒浸泡麵種配方

材料	重量（公克）	材料重量
粗裸麥粉	13.00	39.37
全麥粉	58.00	175.65
黑麥啤酒	129.00	390.67
T65 / T55	48.00	145.37
合計	248.00	751.06

說明：

1. 攪拌均勻，冷藏12-14小時。
2. 數值計算四捨五入會有一些小誤差，可忽略不計直接取整數。

三 | 操作方式

　　農人的工作是智慧與體力的結合，一方面承接數千年先人的經驗，另一方面需要很好的體力應付龐大的工作量，需要補充大量流失的鹽分和養分，因此農夫麵含鹽量較高。本配方的鹽量烘焙比例是 4%，比一般 2% 略高一些，但若將克非爾麵種和浸泡在啤酒中的粉類全部加起來，只有 2.2% 左右。現代人講究低糖低鹽，讀者可以自行減量，1.6%-2.0% 都是可接受的範圍。

　　農夫麵包的組織必須緊實才有飽足感，所以使用全麥麵粉增加麵包的膳食纖維，使麵包更加的緊實。製作工序詳細說明如下：

1. 備料與攪拌：

- 提前一天準備克非爾麵種及啤酒浸泡麵種。
- 攪拌：除了鹽以外的全部材料放入攪拌缸，攪拌成團後再加入鹽，不用攪拌到完全拓展，大約 7 分即可，起缸溫度不要高於 22°C。

2. 製作過程：

- 前置發酵：攪拌完成後置於室溫（25°C-28°C）下，每隔 20 分鐘翻麵一次，共翻麵 2 次。第二次翻麵之後再放置 20 分鐘即可分割。
- 分割：分割成每個 500 公克的麵團，滾圓。
- 後發酵：圓形籐籃內撒上麵粉，放入麵團，收口朝上。置於室溫 40-60 分鐘。
- 入爐：將麵團倒在烤盤上，切割十字紋路。烤箱預熱

▲ 攪拌

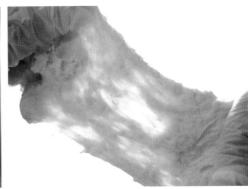

▲ 攪拌完成

▲ 整形

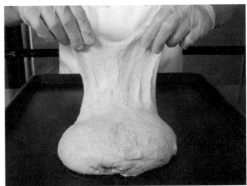

▲ 翻麵

▲ 入爐前切割表面紋路

▲ 出爐

上火 220°C，下火 180°C，噴蒸汽 6 秒，第一段 5 分
鐘。噴蒸汽 3 秒，第二段 15 分鐘，第三段 15 分鐘，
視上色狀況決定是否掉頭。然後測量麵團中心點溫度
必須達到 96°C，看情況 3-5 分鐘後出爐，合計 38-40
分鐘。

　　克非爾麵種特殊的風味有別於一般的穀物種或是水果
種，本章製作單純沒有任何餡料的農夫麵包，更能體現不
同麵種之間的差異性，是值得深入去探討的課題。在西方麵
包是主食，搭配濃湯、肉品、菜餚、辛香料、乳酪等各種食
材，所以會很重視麵包的特性，酸種麵包正好符合餐桌上的
需求。東方加餡料的甜麵包往往局限在早餐或是點心食用，
但就消費市場而言，午餐和晚餐的數量是最大的，農夫麵
包、鄉村麵包都是屬於適合午餐和晚餐食用的麵包。

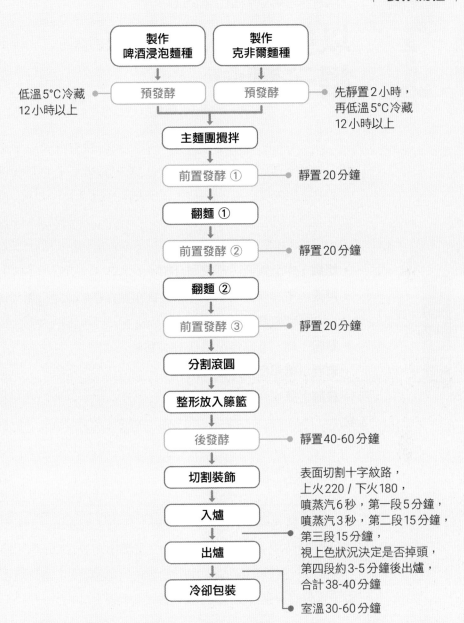

製作
啤酒浸泡麵種

製作
克非爾麵種

低溫5°C冷藏
12小時以上 ← 預發酵

預發酵 → 先靜置2小時，
再低溫5°C冷藏
12小時以上

主麵團攪拌

前置發酵 ① → 靜置20分鐘

翻麵 ①

前置發酵 ② → 靜置20分鐘

翻麵 ②

前置發酵 ③ → 靜置20分鐘

分割滾圓

整形放入籐籃

後發酵 → 靜置40-60分鐘

切割裝飾

入爐

出爐

冷卻包裝

表面切割十字紋路，
上火220 / 下火180，
噴蒸汽6秒，第一段5分鐘，
噴蒸汽3秒，第二段15分鐘，
第三段15分鐘，
視上色狀況決定是否掉頭，
第四段約3-5分鐘後出爐，
合計38-40分鐘

室溫30-60分鐘

11

外酥內軟中型氣孔 ——

以雙水合法製作
棍子麵包

重點

- **組織** | 中型氣孔，不規則分布。
- **用途** | 午、晚餐為主，可做主食、當作基底或是夾層，切片鋪上其他食材。
- **麵粉** | 高、低筋搭配或是 T65/T55。
- **老麵** | 魯邦種（隔夜宵種）。
- **發酵** | 雙水合法。

一 | 關於棍子麵包

棍子麵包幾乎已經和法國劃上等號，Baguette 這個名詞出現的時間其實很晚，最早的記載出現在 1920 年，將 "Baguette" 加以定義，包括形狀大小、價格範圍，當時規定棍子麵包的重量最少 80 公克，最大的長度為 40 公分[1]。

1　https://en.wikipedia.org/wiki/Baguette。

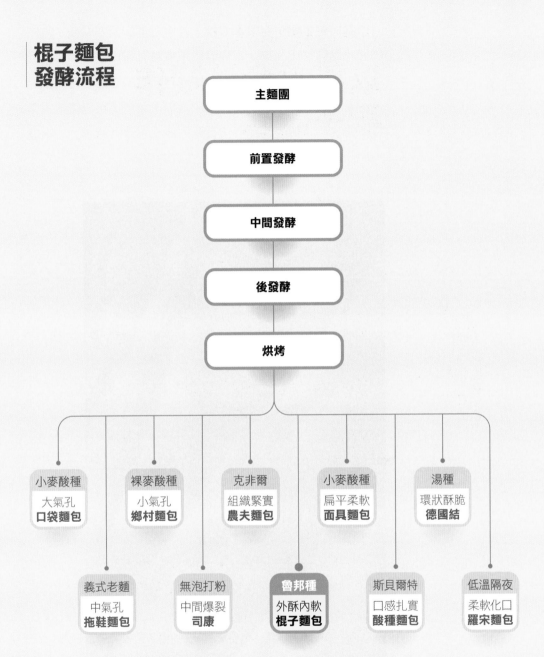

棍子麵包
發酵流程

主麵團

前置發酵

中間發酵

後發酵

烘烤

小麥酸種
大氣孔
口袋麵包

裸麥酸種
小氣孔
鄉村麵包

克非爾
組織緊實
農夫麵包

小麥酸種
扁平柔軟
面具麵包

湯種
環狀酥脆
德國結

義式老麵
中氣孔
拖鞋麵包

無泡打粉
中間爆裂
司康

魯邦種
外酥內軟
棍子麵包

斯貝爾特
口感扎實
酸種麵包

低溫隔夜
柔軟化口
羅宋麵包

關於棍子麵包有很多傳說，其中一則與治安有關。古時的鄉村麵包又大又硬，貴族階級用餐時有人侍候，平民百姓只能自求多福，隨身攜帶刀具切麵包，打架時刀子還可以立刻派上用場。後來麵包師傅發明了棍子麵包，可以直接用手扳下來食用，據說從此打架致死的治安事件就減少了。這個

▶ 棍子麵包的外觀

故事令我聯想到西餐桌上的刀光劍影，東方的竹筷子好像文明多了。我曾和外國朋友談到這個傳說，他們比劃著說，你們武功高強，用筷子就很厲害了，挺有趣的。

　　台灣人要求棍子麵包皮薄、氣孔大、氣壁薄、分布均勻，但巴黎每年票選的十大棍子麵包氣孔不大、薄膜較厚、分布不均勻，和我們比賽選手式的要求大不相同。如果將棍子麵包視為主食，其實不需要太多過度的要求。

　　棍子麵包中的氣孔形成原因有二：第一，麵團水量高於麵粉的飽和吸水量，一旦自由水受熱變成蒸汽，體積膨脹1700倍；第二，在發酵的過程中持續不斷產生的氣體使麵團受熱膨脹。基於這兩個理由，棍子麵包的粉水比例至少大於70%，一般會設定在75%上下，超過80%就屬於高水量的長棍麵包。

◀棍子麵包的剖面

外酥內軟中型氣孔 ——— 以雙水合法製作棍子麵包

入爐前使用刀片劃開表面，受熱時部分氣體會從割開的地方溢出，造成表皮翻開，產生裂痕，這裂痕一般稱為「耳朵」。如果過發，裂痕會比較不明顯，因此掌握棍子麵團發酵時間非常重要。

　　棍子麵包因各家做法不一，長短粗細也會有所不同。攪拌麵團時，師傅會根據麵粉的特性決定攪拌程度。如果麵筋的拉力過強，往外拉時稍微鬆手，麵團就會回縮，硬拉就會出現龜裂，所以麵筋的筋性最好不要太強。不過麵團筋性弱固然容易拉長，但若筋性太弱，當麵團內部氣體膨脹，麵筋發生斷裂時，麵團就會往兩側坍塌，麵包變得扁扁的，內部沒有氣孔，或是大氣孔集中在上方，而底部因為斷裂的麵筋堆疊變得很厚。因此製作棍子麵包會選擇蛋白質含量在11%-12% 左右的小麥麵粉，攪拌時不用完全出筋，可以靠翻麵和折麵來控制麵筋形成的程度。

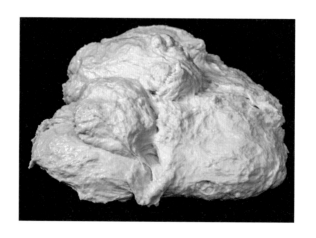

▶ 水合攪拌完成的麵團

為了縮短攪拌的時間，我們會先將水量的 90%-95% 加入麵粉輕微攪拌，形成表面粗糙不光滑的麵團，隨即放入冰箱冷藏至少 3 小時（視麵團大小決定時間長短）。攪拌主麵團時再加入剩餘的 5%-10% 水量，這就是**雙水合法**（Double Hydration），目的在於保留一部分的水量，協助後來才加入的其他材料進行水合；另一方面，師傅也可視麵粉吸水程度調整水量。雙水合法具有很多優點和彈性，很受麵包師傅青睞。

二 ┃ 棍子麵包的配方設計

棍子麵包有很多種配方，我們只要抓住幾個重點就可以依照麵粉的特性設計自己的配方。

● **老麵的比例低於 15%**，因為從水合到隔夜發酵，已經有充分的時間進行發酵，不需要太多老麵。

● **水量大於麵粉的飽和含水量 5%-10%**，烘烤時當溫度超過 100°C，除了包覆在麵筋內的空氣膨脹以外，水變成蒸汽的膨脹也是關鍵。因為多出的水量會成為麵團裡的自由水，受熱蒸發成蒸汽時，體積會膨脹約 1700 倍，所以麵團的含水量大於飽和含水量，就會有大量自由水變成蒸汽使體積膨脹。

● **麵粉的蛋白質含量低於 12%**，避免攪拌時麵筋形成過多、拉力太強，容易回縮，難以拉到期望的長度。但如果麵筋過於脆弱，氣體膨脹時會斷裂造成塌陷，麵包變扁，烘焙彈性不佳。

● **酵母的投放量可以略高於鄉村麵包**，有利於麵團內部氣體的形成。

　　本章配方即基於上述四點所設計，讀者可以根據自己手邊的麵粉特性自行調整。例如我曾使用完全無添加酵素的有機麵粉 T55，它的飽和含水量很低，將水量降到 65% 才比較好操作。讀者可將以下配方套用試算表軟體，建立公式，調整配方中「水粉比例」那一欄，以得到最佳結果。

魯邦種（隔夜宵種）配方		
材料	基本量	材料重量
T65 / T55	10.00	84.85
水	10.00	84.85
商業酵母	0.02	0.17
合計	20.02	169.88

說明：
1. 攪拌均勻，靜置於室溫 2 小時，然後隔夜冷藏 12 小時以上。
2. 數值計算四捨五入會有一些小誤差，可忽略不計直接取整數。

棍子麵包配方

基本麵團		材料重量	烘焙比例	
第一次 水合	T65／T55	160.00	1357.64	81.22%	鹽比例
	水	130.00	1103.09	65.99%	1.93%
第二次 水合	魯邦種（隔夜宵種）	20.02	169.88	10.16%	水粉比例
	T65／T55	37.00	313.96	18.78%	77.78%
	水	21.00	178.19	10.66%	倍數
	鹽	4.00	33.94	2.03%	8.49
	酵母	0.39	3.31	0.20%	酵母比例
合計		372.41	3160.00	189.04%	0.19%

產品名稱	單位重量	生產數量	產品總重量
長法國棍子麵包	360.00	6.00	2160
短法國棍子麵包	250.00	4.00	1000
合計			3160

說明：
1. 倍數＝產品重量合計／基本麵團重量。
2. 材料重量＝基本麵團材料重量 × 倍數。
3. 水粉比例＝含老麵在內的總水量／含老麵在內的總粉量 × 100%。
4. T65／T55 可以用高、低筋麵粉 7：3 代替，但是需要自行調整水量。
5. 數值計算四捨五入會有一些小誤差，可忽略不計直接取整數。

棍子麵包配方表

三 | 操作方式

1. 備料與攪拌：

- 提前兩天準備魯邦種（隔夜宵種）。

- 第一次水合：將麵粉和配方中「第一次水合」的水量放入攪拌缸中，攪拌成團即可，不需要光亮出筋。起缸後置於室溫（25°C-28°C）20 分鐘，然後放入 5°C 冰箱中冷藏至少 2 小時，直到麵團中心溫度降至 5°C 左右，亦可隔夜冷藏 12 小時）。

- 攪拌（第二次水合）：從冰箱中取出麵團放入攪拌缸，再加入麵粉、酵母及配方中「第二次水合」的水量（不一定要全部用完，也可能需要加更多水，視情況調整）一起攪拌。1 分鐘後放入鹽，再攪拌到表面光亮即可起缸，不要攪拌到形成太多麵筋，以免操作時回縮（麵團狀態請參考右頁麵團攪拌完成圖）。

Q 為什麼整型時麵團有時會回縮？

A 如果麵團很快回縮，可以先暫停操作，覆蓋布再靜置一段時間。麵團回縮的原因，一是攪拌時形成過多的麵筋，二是翻麵次數過多，造成麵筋形成數量增多。需依經驗加以判斷，調整幾次之後便可抓到訣竅。

◀ 麵粉和水攪拌完成

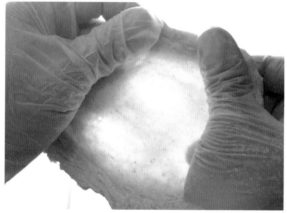

◀ 攪拌完成

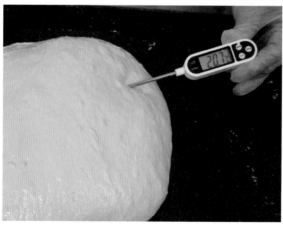

◀ 麵團自冰箱中取出回溫
　至大約 20℃

▶ 麵團分割後整形
　成枕頭狀

▶ 將麵團拉長

▶ 表面割刀

2. 製作過程：

- 前置發酵：攪拌完成後置於室溫下，每隔 20 分鐘翻麵一次，共翻麵 2 次。然後放入冰箱隔夜冷藏 12 小時以上。

- 分割：自冰箱取出後，放置室溫 40-50 分鐘，麵團中心回溫至大約 20°C。然後切割成 6 個 360 公克、4 個 250 公克的麵團，整形成枕頭狀。

- 中間發酵：置於室溫 20-30 分鐘，按壓麵團不會回彈即可。

- 整形：360 公克的麵團拉長至約 50 公分，250 公克的麵團拉長至約 40 公分。

- 後發酵：將麵團放置在發酵布上，置於室溫約 20 分鐘

- 入爐：在表面割刀（入爐後麵團受熱膨脹，氣體自割開的地方溢出，產生一般稱為「耳朵」的裂痕），烤箱預熱上火 220°C，下火 250°C，噴蒸汽 6 秒，入爐後調降下火至 200°C，第一段 3 分鐘。噴蒸汽 3 秒，第二段 15 分鐘，拉氣門，視表面顏色決定上火是否關閉，再 3-5 分鐘，輕彈麵包底部及底部兩側，若聲音清脆即代表皮脆內部不潮溼，即可出爐，合計 21-23 分鐘。

棍子麵包材料簡單，卻最難製作，每個環節都是變數，屬於較難以標準化的產品，但也往往是工藝麵包師傅最引以為傲的作品，除了可以看出麵包師傅的手藝，甚至可以看出麵包師傅的特色與堅持，製作麵包最有趣的地方也在這裡。

環境和材料是變動的，不同產地的麥子、相同產地不同季節、同樣的季節但不同氣候，都會生產出不同的麥子。這麼多變數卻要整合成一個公式，制式化生產，必然得加入許多調整的手段，將各變數產生的誤差調整到一定的範圍內。這並非做不到，但絕不是工藝麵包師傅想要追求的；工藝麵包師傅只想回歸到最自然、最簡單的方式，材料簡單、製程簡單、人員簡單、觀念簡單。例如澱粉裂解成單糖需要時間，一般麵包師傅只想縮短製程，但工藝麵包師傅的想法是：「為什麼要縮短時間？」進而思考「在維持自然的發酵方式的前提下，製作師傅最想呈現的美味麵包」。

　　這樣的思維會衍生出很現實的問題：如果沒辦法達到最小的經濟規模，工藝麵包師如何維持生計？他們通常會朝兩個方向思考，其一是降低裝潢、包裝材料、廣告文宣、人事費用等成本，不追求高額利潤，專注於食材和技術的提升。其二是尋找理念相同的社群支持，以分享代替行銷，當社群基礎達到一定規模的時候，自然可以存活下來。

　　「阿段烘焙」位在遠離市中心的木柵地區，正是因為有一群認同我們理念的顧客，使我們的麵包店維持了超過二十年。感謝他們的長期支持。

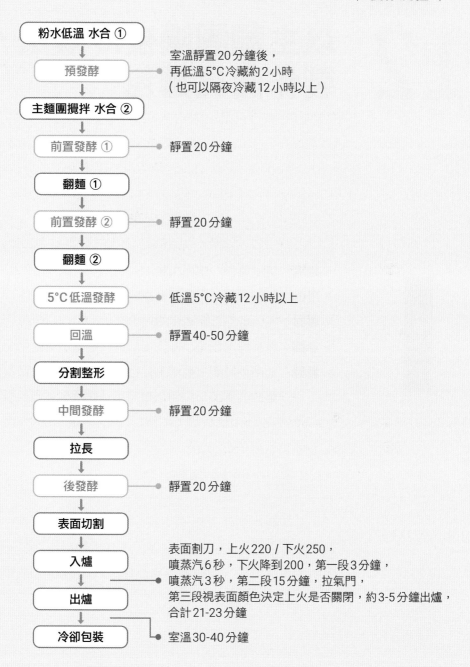

粉水低溫 水合 ①

預發酵 —● 室溫靜置20分鐘後，
再低溫5°C冷藏約2小時
（也可以隔夜冷藏12小時以上）

主麵團攪拌 水合 ②

前置發酵 ① —● 靜置20分鐘

翻麵 ①

前置發酵 ② —● 靜置20分鐘

翻麵 ②

5°C 低溫發酵 —● 低溫5°C冷藏12小時以上

回溫 —● 靜置40-50分鐘

分割整形

中間發酵 —● 靜置20分鐘

拉長

後發酵 —● 靜置20分鐘

表面切割

入爐 ——● 表面割刀，上火220 / 下火250，
噴蒸汽6秒，下火降到200，第一段3分鐘，
噴蒸汽3秒，第二段15分鐘，拉氣門，
出爐 第三段視表面顏色決定上火是否關閉，約3-5分鐘出爐，
合計21-23分鐘

冷卻包裝 —● 室溫30-40分鐘

扁平柔軟的麵包 ────

12

以主麵團隔夜冷藏法
製作面具麵包

重
點

- **組織**｜扁平麵包，薄而柔軟。
- **用途**｜三餐通用，可當主食或沾醬。
- **麵粉**｜高、低筋搭配或是 T65/T55。
- **老麵**｜商業酵母或是小麥全麥酸種以液種形式使用。
- **發酵**｜低溫長時間主麵團隔夜發酵法。如果無法購買到
  酸種商業酵母，可以暫時用一般商業酵母代替。

一｜關於面具麵包

　　面具麵包是佛卡夏（focaccia）麵包傳統造型之一，形
狀像樹葉，屬於扁平麵包。口感介於柔軟和酥脆之間，底部
有些許焦脆，接近餅乾的酥脆口感，內部和上表皮則很柔
軟，很適合搭配濃湯。

面具麵包
發酵流程

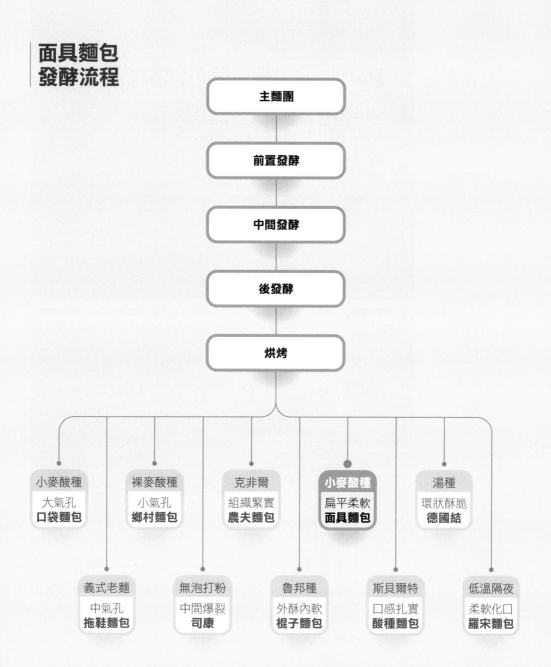

主麵團

前置發酵

中間發酵

後發酵

烘烤

小麥酸種	裸麥酸種	克非爾	**小麥酸種**	湯種
大氣孔	小氣孔	組織緊實	扁平柔軟	環狀酥脆
口袋麵包	**鄉村麵包**	**農夫麵包**	**面具麵包**	**德國結**

義式老麵	無泡打粉	魯邦種	斯貝爾特	低溫隔夜
中氣孔	中間爆裂	外酥內軟	口感扎實	柔軟化口
拖鞋麵包	**司康**	**棍子麵包**	**酸種麵包**	**羅宋麵包**

▶ 面具麵包

▶ 面具麵包剖面

　　有人將佛卡夏視為早期的披薩，有各種不同傳說，其中
試爐溫的說法最符合我的想法。柴燒窯與現代電窯烤爐不
同，電窯升溫快速，柴燒窯升溫則是大工程，需要重新生
火。因此使用柴燒窯烤麵包時有一個遊戲規則，溫度很高時
烤扁平麵包，「快速入爐，快速出爐」，所以很多人用柴燒

◀ 五金行可以買到的
塑膠工具

窯烤麵包時，會先用佛卡夏測試爐溫，尤其古代沒有良好的
測溫設備，更為需要。

　　佛卡夏的造型很多，面具只是其中一種，不同的造型在
口感上僅有些微差異，使用的香料也大同小異。如果把面具
麵包延伸到扁平麵包，就可能因為地理位置、材料、製作工
序以及是否經過發酵，產生許多不同的口感和風味。例如印
度有一種名為 Chapati 的薄餅，未經酵母發酵，僅靠水汽化
成蒸汽使體積變大將麵團膨脹；在義大利常見到的披薩也屬
於扁平麵包。

　　迷迭香（rosemary）是佛卡夏麵包常用的材料，大部分用
在表面裝飾，此外將黑橄欖切片攪拌在麵團中，也很常見。

　　扁平麵包有各種配方，有使用老麵或是酵母，利用酵母
產生的氣體，加速麵團的膨脹；未使用酵母或是老麵，則依
賴水分子的膨脹來製作麵包。由於厚度較扁，烘烤時溫度較
高、時間較短，有些僅需 3-5 分鐘，有些約在 8-15 分鐘。
會噴上蒸汽以延長表面焦化的時間，使表面更亮、顏色不過
黑，賣相更佳。面具麵包為了要保持柔軟，製作過程不使用
碾壓的工具，直接以塑膠刀切開缺口，形成孔洞。

二│面具麵包的配方設計

面具麵包配方			
基本麵團		**麵團重量**	**烘焙比例**	
高筋麵粉	123.00	743.30	100.00%	
酵母	0.30	1.81	0.24%	鹽比例
鹽	2.40	14.50	1.95%	1.82%
小麥全麥酸種	18.02	108.88	14.65%	水粉比例
水	86.00	519.70	69.92%	71.97%
橄欖油	8.00	48.34	6.50%	倍數
黑橄欖	10.00	60.43	8.13%	6.04
義大利香料	0.50	3.02	0.41%	酵母比例
合計	248.22	1500.00	201.80%	0.23%

產品名稱	**單位重量**	**生產數量**	**產品總重量**
面具麵包	250.00	6.00	1500.00

說明：
1. 倍數＝產品重量合計／基本麵團重量。
2. 材料重量＝基本麵團材料重量 × 倍數。
3. 水粉比例＝含老麵在內的總水量／含老麵在內的總粉量 × 100%。
4. 數值計算四捨五入會有一些小誤差，可忽略不計直接取整數。

面具麵包配方表

小麥全麥酸種配方		
材料	基本量	材料重量
小麥全麥麵粉	9.00	54.39
水	9.00	54.39
酸種商業酵母	0.02	0.11
合計	18.02	108.88

說明：
1. 酸種商業酵母可以用本表粉量基本量5%的起種代替。
2. 攪拌均勻，靜置於室溫12-14小時，pH值在4.2-5.2之間。
3. 小麥全麥麵粉可以用T55/T65代替，但需要自行調整水量。
4. 數值計算四捨五入會有一些小誤差，可忽略不計直接取整數。

　　酸種的酸度取決於麵團冷藏的時間，可根據需求設計。例如西方的面具麵包酸度大多控制在 pH 4.2 以下，東方人會覺得太酸，通常控制在pH5以上，可提早放入冰箱冷藏。

　　烘烤時當溫度超過 100°C，除了酵母發酵過程包覆在麵筋內的空氣膨脹以外，水變成蒸汽的膨脹也是關鍵。因為多出的水量會成為麵團裡的自由水，受熱蒸發成蒸汽時，體積會膨脹約 1700 倍，所以麵團的含水量大於飽和含水量，就會有大量自由水變成蒸汽使體積膨脹。因此面具麵包的配方設計，水量要大於該麵粉的飽和含水量 5%-10%。例如高筋麵粉的飽和含水量大約為 65%，在此配方當中水量要接近72%，讓多出的水量成為麵團裡的自由水，受熱蒸發成蒸汽時可以大量膨脹。麵粉蛋白質含量則大約在 12%，酵母的

投放量略高於 0.2%，目的在於可以產生更多的氣體，使表皮變薄，形成外酥內軟的口感。

　　本章配方表即基於以上重點設計，讀者可以依據手邊的麵粉特性再行調整。有些有機麵粉的飽和含水量很低，可以把水量降到 65%，會比較好操作。讀者可將配方套用試算表軟體，調整配方中實際水粉比例那欄，以得到最佳結果。

三│操作方式

1. 備料與攪拌：

- 提前一天準備小麥全麥酸種（如果不熟悉酸種，可以用一般液種代替）。
- 攪拌：將麵粉、水、酸種、酵母放入攪拌缸中，混合攪拌成團後，加入鹽，攪拌均勻後加入橄欖油，略微光亮出筋時加入黑橄欖及義大利香料，攪拌均勻後立即起缸，不要攪拌到形成太多麵筋，以免操作時回縮。

2. 製作過程：

- 前置發酵：攪拌完成後置於室溫（25°C-28°C）下，每隔 20 分鐘翻麵一次，共翻麵 2 次。第二次翻麵之後表面塗橄欖油，覆蓋保鮮膜，再放置 20 分鐘即可分割（亦可放入 5°C 冰箱冷藏 12 小時以上，分割前取出回溫）。
- 分割：分割成每個 250 公克的麵團，整形成長三角形。
- 中間發酵：置於室溫 20-30 分鐘，按壓麵團不會回彈即可。

- 整形：用工具切出面具的形狀，拉開孔洞，並在表面裝飾黑橄欖。
- 後發酵：置於室溫 15-20 分鐘，視麵團氣泡多寡調整時間。
- 入爐：表面撒上義大利香料，烤箱預熱上火 250°C，下火 200°C，噴蒸汽 6 秒，第一段 10 分鐘，再看情況 3-5 分鐘後出爐，合計 13-15 分鐘。

▲ 攪拌完成

▲ 分割成三角形

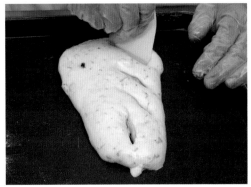

▲ 用工具切出面具形狀

▲ 整形完成

前一天下午將翻麵完成的麵團放入 5°C 冰箱中冷藏,低溫發酵至少 12 小時,第二天就能從容進行後續步驟,這是非常人性化的流程設計。

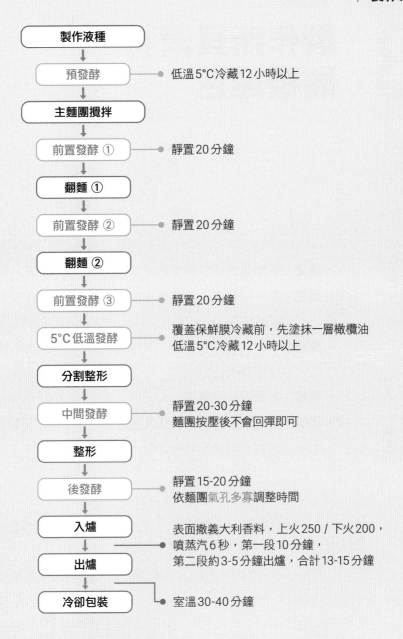

製作液種

預發酵 ─●　低溫5°C冷藏12小時以上

主麵團攪拌

前置發酵 ① ─●　靜置20分鐘

翻麵 ①

前置發酵 ② ─●　靜置20分鐘

翻麵 ②

前置發酵 ③ ─●　靜置20分鐘

5°C低溫發酵 ─●　覆蓋保鮮膜冷藏前，先塗抹一層橄欖油
低溫5°C冷藏12小時以上

分割整形

中間發酵 ─●　靜置20-30分鐘
麵團按壓後不會回彈即可

整形

後發酵 ─●　靜置15-20分鐘
依麵團氣孔多寡調整時間

入爐 ─●　表面撒義大利香料，上火250 / 下火200，
噴蒸汽6秒，第一段10分鐘，
第二段約3-5分鐘出爐，合計13-15分鐘

出爐

冷卻包裝 ─●　室溫30-40分鐘

小型氣孔的麵包 ————

13 製作斯貝爾特酸種麵包

重點

- **組織**｜小型氣孔，組織緊實。
- **用途**｜午、晚餐為主，作為主食或是切片鋪上食物作為基底。
- **麵粉**｜高、低筋搭配或是 T65 / T55、斯貝爾特 1050 / 650 小麥麵粉。
- **老麵**｜斯貝爾特酸種。
- **發酵**｜老麵法。如果無法購買到酸種商業酵母，可以暫時用一般商業酵母代替。

一｜關於斯貝爾特（Dinkel）酸種麵包

德國麵包的命名方式非常科學，而且經過官方認可：

斯貝爾特酸種麵包
發酵流程

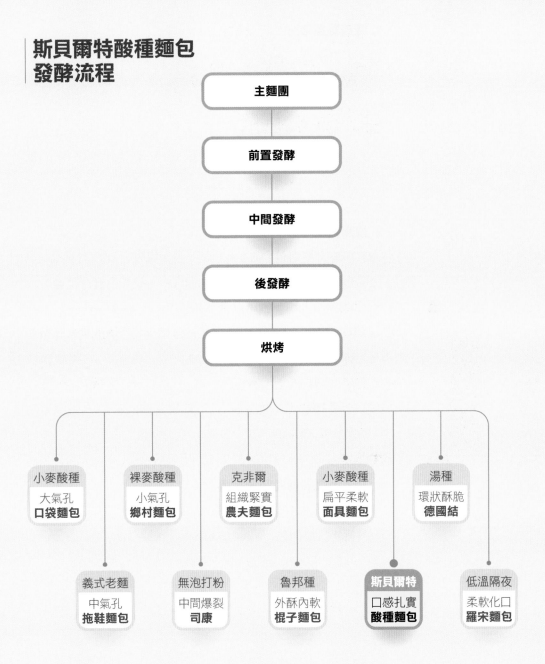

主麵團

前置發酵

中間發酵

後發酵

烘烤

小麥酸種
大氣孔
口袋麵包

裸麥酸種
小氣孔
鄉村麵包

克非爾
組織緊實
農夫麵包

小麥酸種
扁平柔軟
面具麵包

湯種
環狀酥脆
德國結

義式老麵
中氣孔
拖鞋麵包

無泡打粉
中間爆裂
司康

魯邦種
外酥內軟
棍子麵包

斯貝爾特
口感扎實
酸種麵包

低溫隔夜
柔軟化口
羅宋麵包

1. 按照重量區分[1]：

（1）**大型麵包**（Brot）：至少 250 公克，有的重達 2 公斤以上。

（2）**早餐食用之小型麵包**（Brötchen）：大約 60 公克，各地名稱不盡相同。

（3）**一般性小型麵包**（Kleingebäck）：泛指一般穀物含量 90% 以下（其餘 10% 為糖或油脂）、重量不到 250 公克的麵包。

2. 按照穀物區分：

（1）**小麥大型麵包**（Weizenbrot）：小麥麵粉含量超過 90%。

（2）**小麥混合麵包**（Weizen Mischbrot，misch 為混合之意）：50% 以上小麥麵粉混合其他麵粉的大型麵包。

（3）**裸麥麵包**（Roggenbrot）：裸麥比例 90% 以上的大型麵包。

（4）**裸麥混合麵包**（Roggenmischbrot）：50% 以上裸麥混合其他麵粉的大型麵包。

（5）**全麥麵包**（Vollkornbrot）：整粒研磨的粗粉或細粉製作的大型麵包。

3. 冠上地區名稱或節慶名稱：

（1）**巴伐利亞扭結麵包**（Bayerische Brezel）

（2）**新年扭結麵包**（Neujahrsbrezel）

1　森本智子，《經典德式麵包大全》（ *The Encyclopedia of German Bread* ）。

4. 泛稱：

（1）**鄉村麵包**（Schwarzwälder Landbrot）：泛指各地的鄉村麵包。德文 Land 可以翻譯為「鄉村」，Schwarzwälder 是區域名稱，合併起來可以翻譯為「黑森林鄉村麵包」。

5. 其他：

（1）**內餡或表皮組織富特色的迷你麵包或麵包捲**（Rolls & Other Mini-Breads）[2]。

以上的命名原則，可以涵蓋大部分的德國麵包，但並非全部。假如使用兩種不同的麵粉，就必須加上 "misch"。例如使用 50% 以上的斯貝爾特小麥粉混合 T55 小麥粉製作的麵包就可以取名為「斯貝爾特混合麵包」（Dinkel Mischbrot）。

斯貝爾特小麥粉具有獨特香氣，加上酸種老麵，風味絕佳。本章即採用斯貝爾特小麥粉來培養老麵，製作出獨特風味的麵包。

2　http://www.germanfoodguide.com/breadcat.cfm。

斯貝爾特酸種麵包配方

基本麵團		麵團重量	烘焙比例	
T55/T65	232.00	930.33	52.49%	斯貝爾特比例 53%
斯貝爾特（1050或全麥粉）	210.00	842.11	47.51%	鹽比例
酵母	1.00	4.01	0.23%	2.04%
鹽	10.00	40.10	2.26%	水粉比例
斯貝爾特酸種	98.00	392.98	22.17%	60 %
水	247.00	990.48	55.88%	倍數
合計	798.00	3200.00	180.54%	4.01
產品名稱	**單位重量**	**生產數量**	**產品總重量**	酵母比例
斯貝爾特酸種麵包	800.00	4.00	3200.00	0.20%

說明：
1. 倍數＝產品重量合計／基本麵團重量。
2. 材料重量＝基本麵團材料重量 × 倍數。
3. 水粉比例＝含老麵在內的總水量／含老麵在內的總粉量 × 100%。
4. 數值計算四捨五入會有一些小誤差，可忽略不計直接取整數。

斯 貝 爾 特 酸 種
麵 包 配 方 表

斯貝爾特酸種配方		
材料	基本量	材料重量
斯貝爾特1050/650	49.00	196.49
水	49.00	196.49
酸種商業酵母	0.09	0.35
合計	98.00	392.98

說明：
1. 酸種商業酵母可以用本表粉量基本量5%的起種代替。
2. 攪拌均勻，靜置於室溫12-14小時，pH值在4.8-5.2之間。此為東方人可以接受的酸度。以市場需求決定酸度，可以設定適合當地環境的數值，如果設定pH值5.6，麵團可以提前放入冰箱。
3. 數值計算四捨五入會有一些小誤差，可忽略不計直接取整數。

三 │ 操作方式

1. 備料與攪拌：

- 提前一天準備斯貝爾特酸種。
- 攪拌：除了鹽以外的全部材料放入攪拌缸，慢速約 2 分鐘。再加入鹽，慢速攪拌約 3 分鐘。不用攪拌到完全拓展，大約 7 分即可，起缸溫度不要高於 22°C。

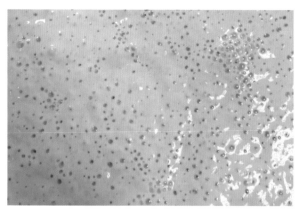

▶ 斯貝爾特酸種

▶ 攪拌完成

2. 製作過程：

- 前置發酵：攪拌完成後置於室溫（25°C-28°C）下，每隔 20-30 分鐘翻麵一次，共翻麵 2 次。第二次翻麵之後再放置 20-30 分鐘即可分割（亦可放入 5°C 冰箱冷藏 12 小時以上，分割前取出回溫）。

- 分割：分割成每個 800 公克的麵團。整形成枕頭狀，上面撒些許麵粉。

- 後發酵：橢圓形籐籃內撒上麵粉，放入麵團，置於室溫 40-50 分鐘。

- 入爐：將麵團倒在烤盤上，表面切割橫線紋路。烤箱預熱上火 220°C，下火 180°C，噴蒸汽 6 秒，第一段 5 分鐘。噴蒸汽 3 秒，第二段 15 分鐘，第三段 20 分鐘，再看情況 3-5 分鐘後出爐，合計 43-45 分鐘。

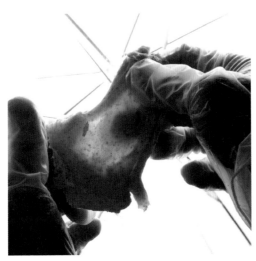

▲攪拌完成拓展狀況

小型氣孔的麵包 —— 製作斯貝爾特酸種麵包

斯貝爾特屬於原生麥種，擁有特殊迷人的風味，深受許
多傳統麵包師傅的喜好，在德國是很普遍可以買到的麵粉。但
亞洲只能在特定店家或進口商才能取得，以致消費者不容易買
到斯貝爾特小麥粉製作的麵包。但隨著健康、自然的麵包逐漸
風行，越來越多烘焙坊開始製作含有斯貝爾特小麥的麵包，在
市場上的占比雖仍遠低於小麥，但有大幅成長的趨勢。

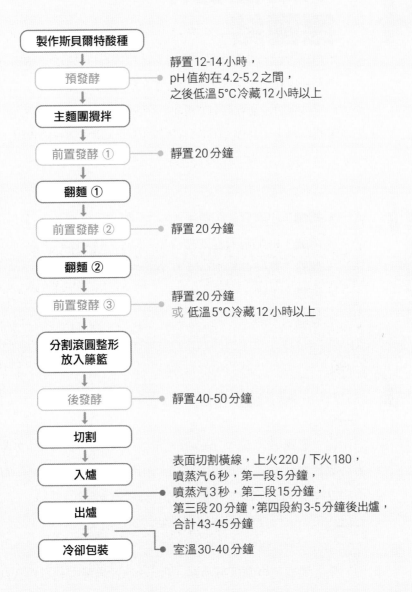

製作斯貝爾特酸種

預發酵 —— 靜置12-14小時，
pH值約在4.2-5.2之間，
之後低溫5°C冷藏12小時以上

主麵團攪拌

前置發酵 ① —— 靜置20分鐘

翻麵 ①

前置發酵 ② —— 靜置20分鐘

翻麵 ②

前置發酵 ③ —— 靜置20分鐘
或 低溫5°C冷藏12小時以上

分割滾圓整形
放入藤籃

後發酵 —— 靜置40-50分鐘

切割

入爐 —— 表面切割橫線，上火220 / 下火180，
噴蒸汽6秒，第一段5分鐘，
噴蒸汽3秒，第二段15分鐘，
第三段20分鐘，第四段約3-5分鐘後出爐，
合計43-45分鐘

出爐

冷卻包裝 —— 室溫30-40分鐘

14

環狀酥脆的麵包 ─────

以湯種製作
德國結

重點

- **組織** │ 小型氣孔，酥脆。
- **用途** │ 搭配啤酒當做點心。
- **麵粉** │ 高、低筋搭配或是 T65/T55。
- **老麵** │ 湯種。
- **發酵** │ 老麵法。

一 │ 關於德國結

　　德國結（德文 Brezels，英文 Pretzels）最早的文獻記載是在《1111 年德國烘焙師指引》（*German bakers' guilds in 1111*），直到 1185 年蘭茲堡的赫拉德創作的書籍（Hortus Deliciarum）才正式出現德國結的製作說明。

　　不過有關德國結的傳說很多，有人說它的形狀象徵小孩雙手環抱在胸前虔誠祈禱（Prayers），是義大利僧侶在西元

德國結
發酵流程

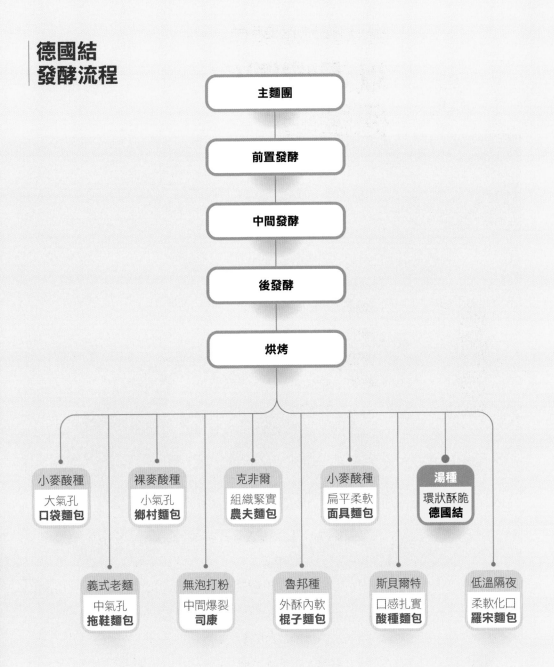

主麵團

前置發酵

中間發酵

後發酵

烘烤

小麥酸種	裸麥酸種	克非爾	小麥酸種	湯種
大氣孔	小氣孔	組織緊實	扁平柔軟	環狀酥脆
口袋麵包	**鄉村麵包**	**農夫麵包**	**面具麵包**	**德國結**

義式老麵	無泡打粉	魯邦種	斯貝爾特	低溫隔夜
中氣孔	中間爆裂	外酥內軟	口感扎實	柔軟化口
拖鞋麵包	**司康**	**棍子麵包**	**酸種麵包**	**羅宋麵包**

環狀酥脆的麵包 ——— 以湯種製作德國結

611 年所製作出來。也有一種說法是三個圈圈象徵聖靈、聖父、聖子三位一體（Holy Trinity）。

早期的德國結很柔軟，據說在 1600 年一位打瞌睡的麵包師傅把德國結烤黑了，但不是烤焦而是烤到黑得發亮，才出現硬脆德國結（Hard Pretzels），其外酥內軟的口感很受歡迎。

世界上第一家德國結專賣店出現在美國，1861 年斯特吉斯（Julius Sturgis）在賓州（Lititz, Pennsylvania）成立了第一家德國結專賣店（Julius Sturgis Pretzel Bakery），從此德國結風靡全球。全美有 80% 的德國結由賓州生產，據說每個美國人一年會吃掉兩磅德國結；新年時德國小孩會把德國結掛在脖子上；澳洲人把德國結掛在聖誕樹上；瑞士過去在復活節則是藏德國結給小朋友找；如今喝啤酒沒有德國結，好像少了一味。德國結是充滿祝福的心靈饗宴[1]。

整體來說，德國結可以歸類為扁平麵包。不過德國結雖然是環狀，口感和貝果的差異卻很大，反而和土耳其的西米特（simit）略微接近。但德國結泡過鹼水，表面比較光亮。

德國結的配方可以分成兩大類，其一類似貝果，使用橄欖油；另外一種使用奶油。前者是全素，但後者烘烤出來的顏色比較黑亮，賣相較好。

1　http://www.todayifoundout.com/index.php/2013/06/the-history-of-pretzels/。

二｜德國結的配方設計

德國結需要的水量偏低，它的口感偏向酥脆，像餅乾又有一點麵包的感覺。為了達到酥脆的效果，用湯種的做法先燙熟部分麵粉，燙過的麵糊不再有麵筋，而且酵素不產生作用，增加麵包的酥脆程度。

湯種配方		
材料	基本量	材料重量
T55 / T65	100.00	89.67
水	100.00	89.67
鹽	6.00	5.38
合計	206.00	184.71

說明：
1. 煮沸的水倒入麵粉中攪拌成麵糊，隔夜冷藏12小時以上。
2. 數值計算四捨五入會有一些小誤差，可忽略不計直接取整數。

德國結配方				
基本麵團		材料重量	烘焙比例	
T55／T65	220.00	197.27	100.00%	鹽比例
酵母	1.32	1.18	0.60%	1.88%
湯種	206.00	184.71	93.64%	水粉比例
奶油或橄欖油	8.00	7.17	3.64%	62.50%
水	100.00	89.67	45.45%	倍數
合計	535.32	480.00	243.33%	0.90
產品名稱	**單位重量**	**生產數量**	**產品總重量**	**酵母比例**
德國結	120.00	4.00	480.00	0.41%

說明：
1. 倍數＝產品重量合計／基本麵團重量。
2. 材料重量＝基本麵團材料重量 × 倍數。
3. 水粉比例＝含老麵在內的總水量／含老麵在內的總粉量 × 100%。
4. 整形完成之後放入冷凍可以保存4天。
5. 數值計算四捨五入會有一些小誤差，可忽略不計直接取整數。

德 國 結 配 方 表

▲ 湯種麵糊

▲ 攪拌完成

▲ 攪拌完成拓展狀況

三｜操作方式

1. 備料與攪拌：

- 提前一天準備湯種。
- 攪拌：將麵粉、水、湯種、酵母放入攪拌缸中，混合攪拌成團後加入奶油或橄欖油，攪拌至略微光亮出筋即可起缸，不要攪拌到形成太多麵筋，以免操作時回縮。

2. 製作過程：

- 前置發酵：攪拌完成後置於室溫（25°C-28°C）下，每隔 20-30 分鐘翻麵一次，共翻麵 2 次。第二次翻麵之後再放置 30 分鐘即可分割。
- 分割：分割成 6 個 120 公克的麵團，再整形成為約 15 公分的長條形。
- 中間發酵：冷藏約 20-30 分鐘。
- 整形：自冰箱取出麵團，拉長至 30 公分。再冷藏 20-30 分鐘後拉成約 1 公尺

▲分割整形成長條形

▲第一次拉長

▲第二次拉長

▲整形

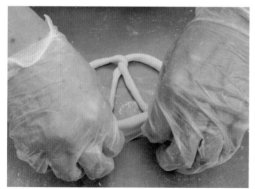

▲圈成兩手環抱的形狀

▲整形完成

環狀酥脆的麵包 ——— 以湯種製作德國結　　227

的長條，中間厚兩頭細，再圈成兩手環抱的形狀，放進冰箱冷凍大約 30 分鐘（也可以隔夜冷凍 12 小時以上）。

- 泡鹼水：自冷凍庫取出德國結，放入稀釋的食用鹼水中浸泡（時間及濃度請依照購買到的食用鹼水產品說明）。

- 後發酵：從鹼水取出後放在烤盤上靜置 30 分鐘。

- 入爐：表面撒上鹽顆粒及芝麻，並於頂端橫切一刀形成裂口。烤箱預熱上火 250°C，下火 180°C，第一段 10 分鐘，第二段 5 分鐘，再看情況 3-5 分鐘後出爐，合計 18-20 分鐘。

製作湯種
↓
預發酵 ●—— 湯種冷卻後，封上保鮮膜
5℃冷藏2小時以上
或 隔夜12小時
↓
主麵團攪拌
↓
前置發酵 ① ●—— 靜置20分鐘
↓
翻麵 ①
↓
前置發酵 ② ●—— 靜置20分鐘
↓
翻麵 ②
↓
前置發酵 ③ ●—— 靜置20分鐘
↓
分割整形
↓
中間發酵 ① ●—— 5℃冷藏20-30分鐘
↓
拉長 ①
↓
中間發酵 ② ●—— 5℃冷藏20-30分鐘
↓
拉長 ②
↓
中間發酵 ③ ●—— 15℃冷凍20-30分鐘
或 隔夜12小時
↓
泡鹼水 ●—— 靜置10-20分鐘鬆弛
↓
入爐 ●—— 表面撒鹽顆粒及芝麻，頂端橫切裂口，
上火250 / 下火180，第一段10分鐘，
第二段5分鐘，第三段約3-5分鐘出爐，
合計18-20分鐘
↓
出爐
↓
冷卻包裝 ●—— 室溫30-40分鐘

15

柔軟延展的麵包———

以成品隔夜發酵法
製作羅宋麵包

- **組織**｜甜奶油麵包，柔軟化口。
- **用途**｜早餐、點心。
- **麵粉**｜高、低筋搭配或是 T65/T55。
- **老麵**｜商業酵母直接法或是小麥硬種。
- **發酵**｜低溫長時間成品隔夜發酵法／粉油拌合法。

一｜關於羅宋麵包

清末民初許多俄羅斯人來到上海，帶來異國文化和美食，其中包括俄羅斯的奶油麵包。上海人將俄羅斯麵包音譯成「羅宋麵包」（Russian Bread），因此有了羅宋麵包這個名稱。

羅宋麵包
發酵流程

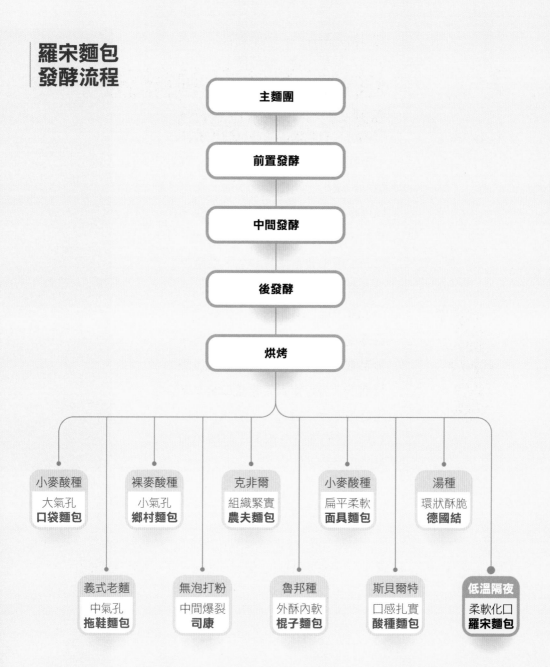

主麵團

前置發酵

中間發酵

後發酵

烘烤

小麥酸種
大氣孔
口袋麵包

裸麥酸種
小氣孔
鄉村麵包

克非爾
組織緊實
農夫麵包

小麥酸種
扁平柔軟
面具麵包

湯種
環狀酥脆
德國結

義式老麵
中氣孔
拖鞋麵包

無泡打粉
中間爆裂
司康

魯邦種
外酥內軟
棍子麵包

斯貝爾特
口感扎實
酸種麵包

低溫隔夜
柔軟化口
羅宋麵包

從剖面看來，羅宋麵包和可頌相似，具有一層一層結構，但它沒有很強的麵筋，組織鬆軟，口感柔軟、化口性好。因此製作時攪拌時間要短，不能產生過多麵筋，依靠不斷翻折和碾壓產生獨特組織。碾壓可以使用土司機或丹麥機，也可以用手擀。每擀一次，對折一次，大約碾壓 20 次，直到表面光滑。用人工碾壓非常費時費力，生產時大多會選擇使用機器。

羅宋麵包表面的顏色和切口的組織決定其賣相。入爐前會在表面割出兩到三道深淺不同的裂紋，使麵團在烘烤時膨脹裂開產生層次。同時每隔幾分鐘刷一次奶油，共刷3 次，讓奶油充分滲入，可增加麵包的化口性。

二│羅宋麵包的配方設計

　　奶油品質決定性影響羅宋麵包的風味，本章配方奶油比例占將近 10%。我的麵包店製作這款產品使用的是法國依思尼（Isigny）奶油，成本高、利潤低、耗時久，需要達到一定的產業規模才能獲利。

小麥硬種配方		
材料	基本量	材料重量
高筋麵粉	20.00	159.43
水	10.00	79.71
酸種商業酵母	0.02	0.16
合計	30.02	239.30

說明：
1. 酸種商業酵母可以用本表粉量基本量5%的起種代替。
2. 攪拌均勻，靜置於室溫1-2小時，再放入5°C冰箱冷藏12小時。
3. 數值計算四捨五入會有一些小誤差，可忽略不計直接取整數。

羅宋麵包配方

基本麵團		材料重量	烘焙比例	
高筋麵粉	88.00	701.47	69.84%	鹽比例
低筋麵粉	38.00	302.91	30.16%	0.32%
糖	18.00	143.48	14.29%	糖比例
奶粉	1.00	7.97	0.79%	12.33%
鹽	0.46	3.67	0.37%	蛋比例
乾酵母	0.42	3.35	0.33%	5.48%
小麥硬種	30.02	239.30	23.83%	水粉比例
蛋	8.00	63.77	6.35%	45.21%
水	56.00	446.39	44.44%	倍數
奶油	11.00	87.68	8.73%	7.97
合計	250.90	2000.00	199.13%	

產品名稱	單位重量	生產數量	產品總重量	奶粉比例
羅宋麵包	250.00	8.00	2000.00	0.68%

說明：
1. 倍數＝產品重量合計／基本麵團重量。
2. 材料重量＝基本麵團材料重量 × 倍數。
3. 水粉比例＝含老麵在內的總水量／含老麵在內的總粉量 × 100%。
4. 高、低筋麵粉可以合併使用，或以T65／T55代替，但需視情況調整水量。
5. 數值計算四捨五入會有一些小誤差，可忽略不計直接取整數。

羅宋麵包配方表

▲攪拌完成，表面不需光滑

▲攪拌完成拓展狀況

▲手擀麵團

三｜操作方式

1. 備料與攪拌：

- 提前一天準備小麥硬種。
- 攪拌（粉油拌合）：奶油自冰箱取出，回復至室溫柔軟的狀態（不可溶化）。將麵粉和奶油放入攪拌缸攪拌約5分鐘，再加入除了鹽以外的全部材料，攪拌成團後再放入鹽，攪拌均勻即可，表面不需光滑。

2. 製作過程：

- 碾壓：攪拌完成後隨即碾壓對折，大約重複20次（可以手擀，亦可使用丹麥機或土司整形機碾壓）。
- 前置發酵：碾壓完成後冷藏30分鐘。
- 分割：分割成250公克的麵團，滾圓，整形成水滴狀。
- 中間發酵：放入5°C冰箱中冷藏30分鐘。

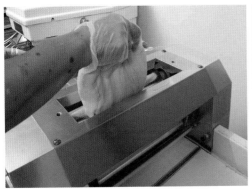

▲ 用土司機碾壓

▲ 用土司機碾壓

▲ 對折

▲ 整形成水滴狀

▲ 碾壓成細長三角形

▲ 整形完成

- 整形：將麵團擀成細長三角形，捲成類似可頌的形狀。
- 後發酵：置於室溫（25°C-28°C）約 30 分鐘，放入 5°C 冰箱隔夜冷藏 12 小時（亦可直接準備入爐）。
- 入爐：自冰箱取出後，放置室溫約 40 分鐘，表面切割出三道由淺至深的裂痕，表面塗抹奶油。烤箱預熱上火 220°C，下火 170°C，第一段 6 分鐘後，塗抹奶油。第二段 5 分鐘後，塗抹奶油。第三段 4 分鐘，塗抹奶油。再看情況約 3-5 分鐘後出爐，合計 18-20 分鐘。

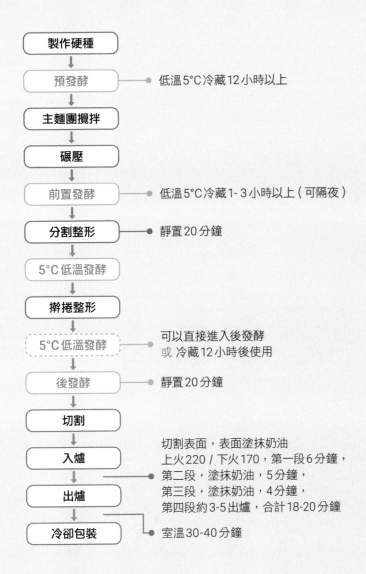

製作硬種

↓

預發酵 ●──── 低溫5°C冷藏12小時以上

↓

主麵團攪拌

↓

碾壓

↓

前置發酵 ●──── 低溫5°C冷藏1- 3小時以上（可隔夜）

↓

分割整形 ●──── 靜置20分鐘

↓

5°C低溫發酵

↓

擀捲整形

↓

5°C低溫發酵 ●──── 可以直接進入後發酵
              或 冷藏12小時後使用

↓

後發酵 ●──── 靜置20分鐘

↓

切割

↓

入爐

↓   ●──── 切割表面，表面塗抹奶油
              上火220 / 下火170，第一段6分鐘，
出爐   第二段，塗抹奶油，5分鐘，
              第三段，塗抹奶油，4分鐘，
↓   第四段約3-5出爐，合計18-20分鐘

冷卻包裝 ●──── 室溫30-40分鐘

Chapter 3

經營管理

16 微型社區烘焙坊

　　我的麵包店「阿段烘焙」創立於 1999 年 11 月 21 日，已經走過 21 個年頭，一路走來始終謹守著社區形態的烘焙坊。2018 年我萌念退休，但懸念著長久支持我們的客人，當時曾打算讓年輕夥伴傳承下去，然而我們忽略了傳承的本質，傳承不一定是實體的延續，屬於物質的部分終究要回歸到成住壞空的循環；傳承是理念的銜接，和實體的延續沒有邏輯上的充分或必要的關聯性。如果理念沒有傳承，實體的延續是沒有意義的，也不可能成功。我們經歷了一年半痛苦的嘗試之後，終於決定放棄。於是我開始思考微型社區烘焙坊的定位，並釐清許多觀念。

一 │ 社區烘焙坊的定位

1. 社區烘焙坊的定義：

　　社區烘焙坊不只是麵包店，老闆也不只是烘焙師傅。如

▲店內設施

果把烘焙兩個字改成「社區工作坊」，就能更清楚看見主角是「社區」，「工作坊」可以是烘焙坊也可以是雜貨店，甚至是一家理髮廳。舉凡用職人的態度與社區分享，共同創造社區文化，就是「社區工作坊」，而以麵包和蛋糕為本體的就是「社區烘焙坊」。

2. 社區烘焙坊以麵包和蛋糕為本體：

　　成立社區烘焙坊時，我們只想以麵包和蛋糕作為橋梁，提供我們自己想吃的食物給客人，生活過得去就好了，並沒

▶ 店內擺設

有什麼雄心壯志。所以店面裝潢、宣傳文宣、燈光布置⋯⋯
都選擇簡單、實用，相關投資越少越好；人力精簡，不要在
店面營運之前就負債纍纍，以免有金錢壓力後難以維持初
心。我們把所有的力量都用在材料選擇、製程研發、交流學
習、參觀旅行，三年前那次失敗的經驗之後，我將管理和生
產流程也納入研究範圍。幸而我在研究所是學管理的，懂一
些皮毛，於是這兩年我們發展出一套針對社區烘焙坊彈性生
產、行銷和財務管理有效的管理方式。

3. 分享代替行銷：

二十年來，阿段烘焙沒有印發過一張型錄或是文宣，包裝除了必要之外，其他部分盡可能減少。我們和客人之間交流分享，客人很清楚我們用的材料和製程，時間久了就像朋友一樣。

4.結合社區資源成為社區交流的平台：

阿段烘焙位於遠離市中心的木柵文教區，附近多所學校，許多學者和政界、媒體人士住在此地。光顧過本店的客人可說是臥虎藏龍，但我們之間的交集都是麵包和蛋糕，往往看到電視節目或新聞報導時，才赫然發現原來這位穿著樸實的客人竟然是某某名人。曾在國外住過的客人可能是「意見領袖」，他們在飲食上較能接受歐式風格，二十年下來，這些客人大多都變成了朋友，很認同我們分享的理念，我們就把店面提供給需要的人做為交流平台。例如邀請

▶ 阿段烘焙唯一的包裝袋

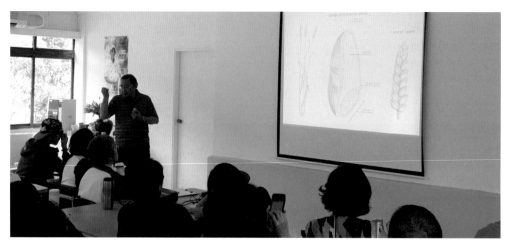

▲ 阿段烘焙的活動

▲ 土耳其系教授分享土耳其美食

▲ 阿段烘焙的社區回饋活動　　　　　　　　　▲ 小學生參觀阿段烘焙

來自土耳其的教授和社區朋友分享土耳其的文化和美食，邀請過動兒協會發起人與社區遇到相同問題的朋友分享心得；偶爾還有藝文演出，例如來自英國的手風琴演奏、來自法國舞者的現場即興舞蹈、日本和簫演奏……說不完的溫馨故事。阿段烘焙成功地成為社區交流的平台。

5. 參與社群活動：

　　社區工作坊必須自給自足才有能力成為社區的平台，而社區工作坊的存活必是來自於在地人的支持，當社區烘焙坊行有餘力時就可以開始回饋社區。這些年來阿段烘焙參與了很多社區公益活動，以及大大小小的義賣活動。

6. 國際交流：

　　出國參觀學習，邀請國際知名麵包師傅來台交流。

▶ 參觀巴黎普瓦蘭（Poilâne）麵包店

▶ 韓國師傅 Chef Taesung Mo

▲ 與亞利桑那州教授 Professor Matthew Mars、烘焙師傅 Chef Don Guerra 交流

7. 做為同業交流的平台：

　　同業之間不是競爭對手，而是共同成長的夥伴，相互交流，擴大市場規模。我從完全不懂麵包直到今天，得到很多業界朋友的協助，記得我準備蓋第一座柴燒窯時，拜訪了很多窯烤前輩，從他們的經驗分享中學習到很多深奧的技術，真心感謝！後來我們也以這樣的模式和許許多多業界的朋友進行交流，相互學習。

▲阿段烘焙與同業分享空間，吳克己師傅的麵包車來店門口銷售

二 │ 社區烘焙坊的經營方式

1. 建立生產管理系統：

❶ 調整人員作息與發酵的步伐一致：

社區烘焙坊人力精簡，因此建立一套合乎人性高效能的生產系統非常重要。合乎人性的重點在於人員工作時間和休假時間必須列為優先考量，早期烘焙師傅上班的時間是凌晨3點，時間長且消耗體力。社區烘焙坊必須深入了解麵包的發酵流程，善用低溫長時間自然發酵法，將人員和發酵的腳步調整一致。麵團發酵，人員休息；發酵完成，人員工作。例如前一天下午麵團進入低溫發酵，人員晚上休息；第二天上午發酵完成，人員只要在6點至7點之間上班即可。

以阿段烘焙為例，我們上午烘烤麵包，下午攪拌麵團，夜間發酵麵包。兩位工作人員一個上午可以烤出500到600個麵包。因為絕大部分的麵團在上午都已發酵完成，等待整形和入爐，如此兼顧時間和體力，出爐的麵包自然品質良好。

❷ 彈性訂單生產取代計劃生產：

門市的銷售情況常受到許多外部因素影響，例如天候、連續假期、特殊活動等等，因此計劃生產很難有效控制耗損。社區烘焙坊應該善用現代社群媒體，作為發布產品和接收訂單的管道。

阿段烘焙的
低溫長時間發酵
生產流程表

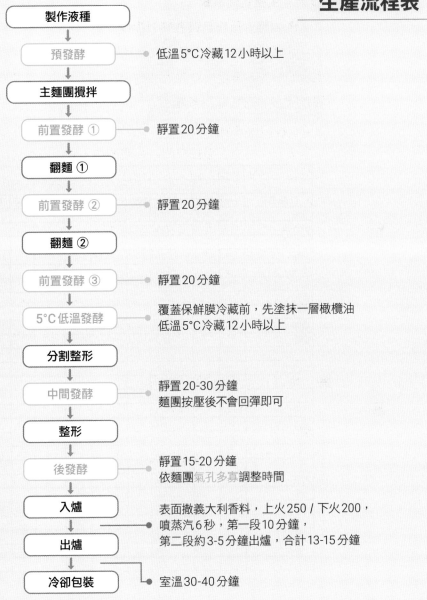

```
製作液種
   │
預發酵 ────● 低溫5°C冷藏12小時以上
   │
主麵團攪拌
   │
前置發酵 ① ────● 靜置20分鐘
   │
翻麵 ①
   │
前置發酵 ② ────● 靜置20分鐘
   │
翻麵 ②
   │
前置發酵 ③ ────● 靜置20分鐘
   │
5°C低溫發酵 ────● 覆蓋保鮮膜冷藏前，先塗抹一層橄欖油
                 低溫5°C冷藏12小時以上
   │
分割整形
   │
中間發酵 ────● 靜置20-30分鐘
               麵團按壓後不會回彈即可
   │
整形
   │
後發酵 ────● 靜置15-20分鐘
             依麵團氣孔多寡調整時間
   │
入爐 ────● 表面撒義大利香料，上火250 / 下火200，
           噴蒸汽6秒，第一段10分鐘，
出爐       第二段約3-5分鐘出爐，合計13-15分鐘
   │
冷卻包裝 ────● 室溫30-40分鐘
```

▲ 利用簡單的磁鐵彈性管理工作流程

02/17-02/20	日期	2月17日		2月18日	2月19日	2月20日	
		星期四		星期五	星期六	星期日	
品名	單價	數量	金額	數量	數量	數量	合計
飛龍	80	6	480				
多穀物	330	8	2640				
小藍莓	90	12	1080				
艾登	90	8	720				
核桃	90	12	1080				
橘丁	90	12	1080				
番茄	90	6	540				
鄉村果仁	100	12	1200				
桑椹	100	12	1200				
豐收	100	12	1200				
紅酒桂圓	320	4	1280				
大裸麥	280	6	1680				
米琪	250	2	500				
裸麥玫瑰	250	3	750				
農夫酸種	150	6	900				
斯貝爾特	250	8	2000				
黑森林	280	6	1680				
大法	80	12	960				
小法	60	18	1080				
pita	15	20	300				
司康橘丁	30	20	600				
司康蔓越莓	30	20	600				
鹽可頌	35	20	700				

▲ 阿段烘焙的每日／每週生產計劃表

三 | 結語

　　作為一個麵包職人，開一家小小的社區烘焙坊，用自己的想法來製作產品，賦予食物簡單、自然卻又豐富的生命，這是多麼喜悅的事情。社區烘焙坊雖不以利潤為目標，但至少要達到損益平衡，因此必須合情合理地規劃內部管理，才能夠長久生存。社區烘焙坊也是人性化的空間以及社區交流的平台，除了精研專業技術以外，更需要注重人文素養，才能兼具食物和文化雙重功能。

▲ 阿段烘焙門面

LOHAS‧樂活

與酵母共舞：跟著火頭工了解發酵的科學原理，做出屬於你的創意麵包

2021年6月初版　　　　　　　　　　　　　　　定價：新臺幣480元
有著作權‧翻印必究
Printed in Taiwan.

著　　者	吳	家		麟
譯　　者	吳	映		華
攝　　影	楊	文		卿
叢書主編	林	芳		瑜
特約編輯	倪	汝		枋
美術設計	大			石

出　版　者	聯經出版事業股份有限公司		副總編輯	陳	逸		華
地　　　址	新北市汐止區大同路一段369號1樓		總　編　輯	涂	豐		恩
叢書主編電話	(02)86925588轉5318		總　經　理	陳	芝		宇
台北聯經書房	台北市新生南路三段94號		社　　長	羅	國		俊
電　　　話	(02)23620308		發　行　人	林	載		爵
台中分公司	台中市北區崇德路一段198號						
暨門市電話	(04)22312023						
台中電子信箱	e-mail：linking2@ms42.hinet.net						
郵政劃撥帳戶	第0100559-3號						
郵撥電話	(02)23620308						
印　刷　者	文聯彩色製版有限公司						
總　經　銷	聯合發行股份有限公司						
發　行　所	新北市新店區寶橋路235巷6弄6號2樓						
電　　　話	(02)29178022						

行政院新聞局出版事業登記證局版臺業字第0130號

本書如有缺頁，破損，倒裝請寄回台北聯經書房更換。　ISBN　978-957-08-5706-1 (平裝)
聯經網址：www.linkingbooks.com.tw
電子信箱：linking@udngroup.com

國家圖書館出版品預行編目資料

與酵母共舞：跟著火頭工了解發酵的科學原理，做出屬於
你的創意麵包/吳家麟著．初版．新北市．聯經．2021年6月．256面．
17×23公分（LOHAS‧樂活）
ISBN　978-957-08-5706-1（平裝）

1.麵包　2.點心食譜

439.21　　　　　　　　　　　　　　　　　　　110001456